U0390182

Adobe Photoshop 与 Lightroom Classic
摄影师经典教程 彩色版

[美] 拉斐尔·康塞普西翁（Rafael Concepcion）◎ 著

武传海 ◎ 译

人 民 邮 电 出 版 社

北 京

图书在版编目（CIP）数据

Adobe Photoshop与Lightroom Classic摄影师经典教程：彩色版 /（美）拉斐尔·康塞普西翁（Rafael Concepcion）著；武传海译. -- 北京：人民邮电出版社，2023.9
ISBN 978-7-115-61861-0

Ⅰ. ①A… Ⅱ. ①拉… ②武… Ⅲ. ①图像处理软件—教材 Ⅳ. ①TP391.413

中国国家版本馆CIP数据核字(2023)第096150号

◆ 著　　　[美] 拉斐尔·康塞普西翁（Rafael Concepcion）
　　译　　　武传海
　　责任编辑　王　冉
　　责任印制　马振武
◆ 人民邮电出版社出版发行　　北京市丰台区成寿寺路 11 号
　　邮编　100164　　电子邮件　315@ptpress.com.cn
　　网址　https://www.ptpress.com.cn
　　北京盛通印刷股份有限公司印刷
◆ 开本：775×1092　1/16
　　印张：19.75　　　　　　　　　2023 年 9 月第 1 版
　　字数：537 千字　　　　　　　2023 年 9 月北京第 1 次印刷
　　著作权合同登记号　图字：01-2022-6375 号

定价：129.90 元

读者服务热线：(010)81055410　印装质量热线：(010)81055316
反盗版热线：(010)81055315
广告经营许可证：京东市监广登字 20170147 号

内容提要

    本书由 Adobe 产品专家编写，是 Adobe Photoshop 与 Lightroom Classic 的经典学习用书。

    本书共 11 课，将讲解如何在 Lightroom 中导入与管理照片，如何使用 Lightroom 收藏夹组织照片，如何修改照片以充分利用照片中的每个像素，以及如何使用 Photoshop 和 Lightroom 中的智能工具提高工作效率，同时帮助读者了解每款软件在工作流程中各个阶段的优势和如何运用它们在最短的时间内实现创意。

    本书语言通俗易懂，图文并茂，特别适合新手学习。有一定 Photoshop 与 Lightroom 使用经验的读者也可从本书中学到大量高级功能。本书适合作为各类院校相关专业的教材，还适合作为相关培训班学员及广大自学人员的参考书。

前　言

想要得到一张好照片，光按快门可不够。其实，在摄影创作中，你会发现自己在按快门前后做了许多事情，拍摄在整个创作过程中只是很小的一个环节。

相比拍摄本身，拍摄前后运用的知识与技能在整个摄影学习中可能没那么吸引人，但它们是非常重要的。比如，你拍摄了 100 张照片，然后从中选出了最好的一张，那么剩下的 99 张照片应该如何处理呢？如果你需要不停地拍摄照片，那么你应该如何在相对有限的计算机存储空间中为将要拍摄的照片留出足够多的空间呢？还有，你应该如何从已拍摄的照片中找出最精彩的瞬间，尽己所能把照片中每个精彩的点最大限度地呈现出来呢？

这些内容正是本书要教你的。

加入 Adobe Creative Cloud 订阅计划后，你可以使用摄影师最常用的两款软件：Adobe Photoshop 与 Lightroom Classic。本书的目标是教会你如何在自己的摄影工作流程中恰当地使用这两款软件。本书会讲解每款软件的优点，并介绍一套行之有效的工作流程，确保大家不会迷失方向或坐在计算机前浪费时间；本书还会介绍让整个摄影创作变得简单、高效的方法，确保你能尽快回到拍摄现场，拍摄出更多的照片。

 ## 关于本书

本书是 Adobe 图形图像、排版、创意视频制作软件的官方系统培训教程之一，由 Adobe 产品专家编写。本书课程经过精心设计与安排，大家可以根据自己的实际情况自由安排学习内容。如果你是初次接触 Lightroom 和 Photoshop，那么通过本书，你会学到各种基础知识、概念、技巧，为日后熟练使用它们打下坚实的基础。如果你一直在使用 Lightroom 和 Photoshop，那么通过本书，你会学到这两款软件的一些高级功能，以及两款软件协同工作的一些技巧。

本书中的每一课都给出了创建特定项目的详细步骤，同时也留出了大量空间，供大家去探索、尝试。每一课最后都有一些复习题，帮助大家回顾本课的重要内容。在学习本书的过程中，你可以按部就班、一课一课地从头学到尾，也可以根据自己的兴趣与需求选学其中的某些课程。

 ## Windows 与 macOS 下的使用说明

在大多数情况下，Lightroom 和 Photoshop 在 Windows 系统和 macOS 系统下的呈现是一样的。

有时，这两款软件在不同平台下会存在一些细微差异，但这些差异往往是由平台引起的，不是软件本身能左右的。主要差异体现在键盘快捷键、对话框外观，以及按钮名称的不同上。本书中展现的 Lightroom 与 Photoshop 软件界面截图大多数是在 Windows 系统下截取的，或许与你在自己的计算机屏幕上看到的软件界面不一样。

当同一个命令在不同操作系统下对应不同的键盘快捷键时，本书会在该命令后面把两种键盘快捷键（macOS 在前，Windows 在后）都列出来，如 Command+C/Ctrl+C。

 学前准备

在学习本书课程之前，你需要对自己使用的计算机及其操作系统有一定的了解，具备一些基础知识和实操能力。同时，你还要确保系统设置正确，并且安装了所需要的软硬件。请注意，本书涉及的软件需要单独购买，不随本书免费提供。

要学习本书，需要安装 Lightroom、Photoshop，以及最新版的 Adobe Camera Raw 软件。学习本书内容时，你可以使用 Lightroom 与 Photoshop 的早期版本，但是不应早于 Lightroom 4 与 Photoshop CS6。如果使用这些早期的版本，书中的某些练习可能无法像文字叙述的那样开展。此外，本书大多数课程可以使用 Lightroom 完成学习。

本书是专门为那些在工作中需要同时使用 Lightroom 和 Photoshop 的摄影师编写的。本书讲解了有关使用 Lightroom 和 Photoshop 的大量知识，但它并不是一本全面的学习手册。如果你想进一步学习这两款软件，请分别学习《Adobe Photoshop Lightroom Classic 2022 经典教程（彩色版）》和《Adobe Photoshop 2022 经典教程（彩色版）》两本书。

安装 Lightroom 与 Photoshop

在安装 Lightroom 和 Photoshop 之前，请确保你的计算机系统配置符合要求。

你可以通过加入 Adobe Creative Cloud 摄影计划或 Creative Cloud 完整会员来一起购买这两款软件，获取 Creative Cloud 完整会员资格后，你还可以使用 Adobe InDesign 等多款软件。

为何同时使用 Lightroom 与 Photoshop 两款软件

你拍摄一些照片后，在向他人展示时，你肯定只想展示好的照片，而不会展示不太好的照片。对于某些照片，你还需要添加一些艺术效果、设计元素和文字。最后，你需要把这些作品发布到网上分享给他人。在这个过程中，你可以使用 Lightroom 把所有照片的信息保存到合适的位置，使用 Photoshop 做一些照片处理工作。

Lightroom 与 Photoshop 的区别

虽然 Lightroom 与 Photoshop 都有照片编辑功能，但 Lightroom 的突出优势在于其提供了强大的照片组织功能。Lightroom 为摄影师提供了一套完整的照片后期处理流程，包括从相机存储卡读取照片到硬盘，照片评估、筛选、评级、标记、组织、搜索、编辑、共享，以及按不同用途输出照片，如创建打印模板、画册、幻灯片、Web 画廊等。Photoshop 专门用来编辑照片。就编辑照片画册来说，Photoshop 提供了非常强大的照片编辑工具，这远不是 Lightroom 所能比的。

在 Photoshop 中打开一张照片，将其放大很多倍之后，你会发现它是由很多彩色方块组成的，这些方块就是所谓的"像素"。以前，使用 Photoshop 大多数时候是通过应用滤镜、填充和特殊效果等来操纵这些像素。但是，这有一个很明显的缺陷。

那就是，在 Photoshop 中编辑照片是一种破坏性的操作。虽然我们也可以撤销对照片像素的一些操作，但是不能无限地撤销，只能撤销有限步数。在你对照片的编辑结果不满意的情况下，若不小心保存并关闭了文档，那么当你重新打开这个文档时，看到的照片就是上次编辑过的状态。此时，若你发现照片中某种颜色的饱和度偏低，想把它恢复成原样，那肯定是不可能的了。而且，你对照片所做的任何编辑一次只能应用到一张照片上。

为了解决这个问题，Photoshop 提供了图层功能。通过使用不同类型的图层，把图片的各个元素（或整张图片）相互堆叠在一起，共同形成了整个画面。虽然使用图层大大提高了我们处理图像时的创造能力和控制能力，但同时它也增加了图像的整体复杂度，而且使文件尺寸变得越来越大。

后来，Photoshop 又陆续加入了智能对象、智能滤镜、矢量图形、文本和画框等功能，这时我们就很难说 Photoshop 是一个纯粹的像素编辑工具了。虽然这些功能让 Photoshop 更强大了，但它的魔力一直在于对像素的处理，这是其他图像处理软件无法办到的。

如果说 Photoshop 是做某些图像处理工作时必须要用的软件，那 Lightroom 的用处又体现在哪里呢？我认为 Lightroom 是一款强大的照片组织软件，只不过"碰巧"还允许你编辑与分享照片罢了。Lightroom 最强大的地方在于它能帮你有效地组织照片，以及帮助你获得最好的照片。

这里打个比方，帮助大家理解 Lightroom 在组织照片方面都能做哪些事情。假设现在你在家，有人敲门并给你一箱照片，他需要你妥善保管这些照片。于是，你接过箱子，把它放在了客厅的桌子上。你为了记住把照片放在了什么地方，拿出了一个笔记本并记下：照片在客厅桌子上的箱子里。

过了一会儿，又有人敲门，那人又给你一箱照片。你接过箱子，把它放在了卧室的一个抽屉里。你想记住它的位置，于是也把它记在了笔记本中。随后，有更多箱照片送来，你把它们分别放到家里的不同地方，并在笔记本中记下每箱照片的位置。在这个过程中，你的那个笔记本逐渐变成一个专用的本子，里面集中记录着每箱照片在你家里的存放位置。

有一天，你在家无聊，于是来到客厅，摆弄了一下箱子里的照片，并把它们按照某种次序重新排列了一下。你希望记下这个变化，于是在笔记本中写道：客厅桌子上箱子里的照片已经按照特定方式做了整理。

这样，你的笔记本中不仅记录着每箱照片在家里的存放位置，还记录着你对每张照片所做的调整。这个笔记本对应到 Lightroom 中就是目录，也就是说 Lightroom 目录就相当于一个数字笔记本，里面记录着照片的位置，以及你对照片所做的调整。

♀ 注意　当你把图片导入 PC 端的 Lightroom 中时，全分辨率图片会被保存到云端，而不是计算机中。如果你在移动设备上使用 Lightroom，并从计算机上的 Lightroom 同步了图片，那你编辑的就是计算机中 Lightroom 目录所引用的图片预览图。

其实，Lightroom 并不保存照片，它只是以目录的形式保存照片（或视频）的相关信息，包括照片在硬盘上的位置、相机拍摄设置数据，以及照片的描述、关键字、星级等，你可以在【图库】模块中设置这些信息。此外，在【修改照片】模块中，你对照片做的每次修改也都会保存到这个目录中。

这实际给了你无限次连续撤销的可能。

在 Lightroom 中调整照片时，调整结果会在预览图像中体现出来，只有导出照片时，Lightroom 才会把调整真正应用到照片的一个副本上。Lightroom 从来不会改动原始照片，因此它是一款真正意义上的非破坏性编辑软件。Lightroom 目录允许我们使用同步和虚拟副本来同时处理多个图像。此外，可以使用 Lightroom 创建打印模板、画册、幻灯片和 Web 画廊，还可以在这些项目中使用 Photoshop 文档。

本书后面将深入讲解这两款软件的使用细节，这里仅简单介绍相关概念，为以后学习其他内容奠定坚实的基础。接下来，我们一起来了解一下 Lightroom 与 Photoshop 的强项。

我们在使用 Lightroom 时会涉及多个部分，包括照片（与位置无关）、Lightroom 软件本身、目录、预设文件夹。

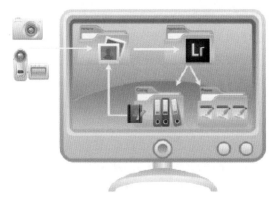

Lightroom 的强项

Lightroom 目录本质上是一个数据库，它让 Lightroom 在照片组织方面大放异彩。同时 Lightroom 也是一个强大的编辑器，你可以用它编辑整张照片或照片的某些部分，可以在照片之间轻松地进行同步或复制编辑，也可以使用各种方式输出这些照片。在做如下工作时，建议选用 Lightroom 而非 Photoshop。

· 管理照片与视频。

Lightroom 专门提供了【图库】模块，用来帮助我们评估、比较、分级、筛选照片，以及向照片添加关键字、色标、旗标等标记。【图库】模块提供了一些过滤器，以帮助我们筛选出符合某些要求的照片。此外，我们还可以轻松地把一些照片放入特定的收藏夹中。相关内容将在第 2 课中讲解。

· 处理 Raw 文件。

Lightroom 的【修改照片】模块支持编辑多种格式（TIFF、PSD、JPEG、PNG）的照片，尤其擅长处理和转换 Raw 文件。这是一种未经处理的传感器数据，一般由相机传感器生成，现在有些智能手机也能生成这种格式的照片。

Lightroom 会自动保留 Raw 文件自身的大色彩空间和高位深。正因如此，在处理 Raw 文件时，我们会尽量使用 Lightroom，只有做一些 Lightroom 无法胜任的图像处理工作时，我们才会使用 Photoshop。

> 💡 **注意** Raw 不是首字母缩写词，没有必要全部大写。

Raw 与 JPEG

在使用相机拍照时，有一点你可能没有注意到，那就是当以 JPEG 格式拍摄照片时，相机会自动应用相机菜单中的设置对照片做一些处理，如降噪、锐化、增加颜色和对比度、指定色彩空间，以及做一定压缩以节省存储卡上的空间。当你按下相机快门后，相机就会把来自传感器的数据转换为 JPEG 格式的照片，在转换过程中，你在相机中指定的设置会被真正应用到照片上，并且无法撤销（使用 TIFF 格式拍照也是如此，由于 TIFF 格式的文件比 Raw 格式的文件还要大，所以现在拍照很少使用这种格式）。因此，尽管可以在照片的后期处理过程中使用 Lightroom 和 Photoshop 编辑 JPEG 格式的照片，但损失的原始数据无法恢复。

当你选择 Raw 格式拍摄时，相机的内部处理设置不会应用到照片上。正因如此，在同一台计算机上查看内容相同、格式不同的两张照片时，如果一张是 JPEG 格式，另一张是 Raw 格式，你会发现它们看起来是有一点不一样的。还有一点，Raw 文件所包含的颜色数量和色调范围要比 JPEG 文件大得多（这里的色调指的是亮度信息，你可以将其视为亮度值）。理论上，一个每通道 14 位的 Raw 文件可记录 4 万亿种颜色和色调，而一个标准的每通道 8 位的 JPEG 文件最多可记录 1600 万种颜色。（Raw 文件可以是每通道 12 位、14 位或 16 位的，具体取决于相机。）

Camera Raw、Photoshop、Lightroom 等软件均能处理 Raw 数据，在这些软件中编辑 Raw 格式的照片拥有更大的编辑灵活性和空间，因为 Raw 格式的文件中包含了更多可处理的数据，你可以按照自己的想法处理它们。Raw 文件还允许你在后期处理时更改拍摄现场的光线的颜色（即所谓"白平衡"）。在 JPEG 格式的照片中，白平衡已经应用到照片中，想要调整颜色，只能使用图像编辑软件中的【色温】与【色调】两个选项调整。在 Lightroom 中，相比 JPEG 文件，Raw 文件的白平衡菜单中有更多选项供我们选用。

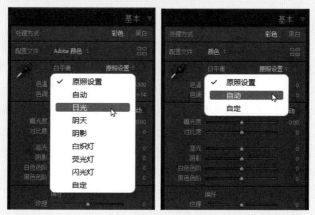

Camera Raw 是 Photoshop 内置的 Raw 文件处理工具，其底层引擎与 Lightroom 是一样的，把 Raw 文件从 Lightroom 发送到 Photoshop 后，我们需要启动 Camera Raw 来处理 Raw 文件。

* 全局调整。

像裁剪、拉直、矫正透视与镜头失真、锐化、调整色调与颜色、降噪、添加边缘装饰这些常见的全局性调整在 Lightroom 中做起来非常容易。在 Lightroom 中，大多数控件都有滑块，易于查找，而且安排合理。有关如何使用控件的内容，将在第 3 课中讲解。

色彩空间指的是可用的颜色范围。Raw 处理器使用 ProPhoto RGB 色彩空间，该色彩空间是迄今为止最大的色彩空间。有关色彩空间的更多内容，请阅读第 6 课中的"选择色彩空间"。位深度是指图像本身可以包含的颜色数。例如，JPEG 格式的图像是 8 位的，它的 3 个颜色通道（红色通道、绿色通道和蓝色通道）中，每一个通道都可以包含 256 种不同的颜色和色调。Raw 图像可以是 12 位、14 位、16 位的。对于 16 位的 Raw 图像来说，它的每个颜色通道可包含 65536 种不同的颜色和色调。

- 局部调整。

Lightroom 中的局部调整工具（如画笔、线性渐变、径向渐变等）调整的是照片的局部区域，而非整个画面，它们用的也是滑块。在应用局部调整时，画面中只有用工具选中的区域或画笔绘制的区域才会发生变化。在 Lightroom 中，使用局部调整工具可以轻松修复过曝的天空、锐化画面局部区域、凸显或弱化画面的某些部分等。在第 4 课中会专门讲解照片中一些常见的问题及其解决办法。

Lightroom 中的【污点去除】工具有两种模式：修复（与周围像素混合）与仿制（复制像素且不混合）。你可以使用它通过单击或拖曳鼠标的方式轻松去除画面中的瑕疵、皱褶、散乱的头发、电线、污点、传感器脏点等微小的东西，甚至可以通过拖动【不透明度】滑块来控制调整强度。

传感器脏点由粘在相机传感器上的灰斑引起，成像时这些灰斑会在最终图像中留下脏点。

- HDR 合成与全景接片。

Lightroom 提供了【照片合并】功能，既可以把多次曝光得到的照片（同一场景不同曝光拍摄）合并成一张 HDR（High Dynamic Range，高动态范围）图像，也可以把多张照片（同一场景的不同部分）拼接成一张全景图，还可以把多次曝光的多张照片（使用不同曝光拍摄的同一个大场景的不同部分）合并成一张 HDR 全景图。合成完毕后，可以继续使用前面介绍的各种全局调整和局部调整工具调整颜色和色调。

- 批量处理多张照片。

Lightroom 专门为拍摄海量照片的摄影师提供了支持：在 Lightroom 中，可以单击【同步】按钮把修改轻松同步至其他照片（不限数量），或者使用【拷贝 / 粘贴设置】命令实现同样的效果。不管是全局调整还是局部调整，都可以通过【同步】按钮或【拷贝 / 粘贴设置】命令（后者适合用来批量去除照片中的传感器脏点）把它们应用到其他照片上，而且可以明确指定要同步哪些调整。

在 Lightroom 中，几乎所有调整都可以保存成预设。把一些经常做的调整保存成预设，可以大大提高工作效率。在 Lightroom 中，既可以在导入照片时应用预设，也可以在需要时手动应用，还可以在导出照片时应用。预设包括但不限于：添加版权信息，文件命名格式，【修改照片】模块中的设置，所有局部调整工具的设置，画册、幻灯片、打印和 Web 项目的定制模板，标识牌（界面左上方的标识），水印，特定的导出尺寸和文件格式以及在线上传设置等。

- 共享、调整大小、输出和添加水印。

如果你经常需要针对某个目的准备大量图片，如发布到个人网站、发送到电子邮箱、提交到商业图片网站、参加摄影比赛，那么你可以使用 Lightroom 的导出预设（称为"发布服务"）把这个过程自动化。

你甚至可以从拍摄的照片中挑选出一些具有代表性的作品，将它们组织成一个作品集，然后在线分享。此外，那些浏览你作品的人也可以给你的作品打分并给出一些反馈意见，这样就在你与客户、朋友之间建立起了一个沟通渠道。

- 创建专业级的相册、幻灯片和打印模板。

Lightroom 提供了多种展示作品的方式，你可以使用这些方式制作自己的作品集，或者向客户推销你的作品。在 Lightroom 中，画册、幻灯片和打印模板都是可以深度定制的。在本书后面的内容中，会进一步介绍如何创建这些项目。

说了这么多 Lightroom 的优点，你是不是觉得 Lightroom 什么都比 Photoshop 强？当然不是。接下来就讲一讲 Photoshop 的强项，了解一下什么时候应该把照片放到 Photoshop 中做进一步处理。

 ## Photoshop 的强项

Photoshop 是创意编辑和精修图片的"黄金"标准。虽然 Lightroom 也是一个非常好的图片编辑工具，但是当你需要对照片做如下处理时，建议使用 Photoshop。

- 图片合成。

在 Lightroom 中，我们可以相对轻松地合成 HDR 图像与全景图，但无法使用它把多张图片合并成一个艺术感很强的作品。要做到这一点，必须使用 Photoshop 中的图层。尤其是在制作拼贴画、添加纹理效果，或合成照片时，更需要使用图层。事实上，有一些常见的照片问题是无法使用 Lightroom 解决的，如修复眩光、合成不同照片中的表情、把多张单人照合成合影等，而这些问题使用 Photoshop 均能轻松地解决。

此外，尽管 Lightroom 在合成 HDR 图像和全景图方面做得很好，但合成后的图像还是需要发送到 Photoshop 中，使用【自适应广角】滤镜、【透视变形】和【操控变形】等工具做进一步处理才能最终完成。

> ♡ 注意 合成是指将两个或多个图像组合成一个图像。

- 精确选择和针对性调整。

经过不断发展，Lightroom 中的局部调整工具和蒙版功能有了巨大的改进，但是，如果你想对图像做像素级别的精细处理，就必须用 Photoshop。在 Photoshop 中，你甚至可以使用选区把细节处理工作进一步深入。新版的 Photoshop 和 Lightroom 中加入了人工智能技术，大大加快了选取图像某个局部（如人物）的过程，选择图像的某个局部原本需要花几分钟时间，现在只需要几秒就能搞定。而且，Photoshop 还提供了许多工具来帮助我们进一步调整蒙版，让我们的选择更精确。确定好选区之后，你就可以使用图层蒙版来隐藏图像中的某些元素，从而更好地控制画面中要凸显或弱化的内容。

> ♡ 注意 你可以把蒙版想象成一片放在图层上的透明塑胶片，并且可以使用黑色马克笔在塑胶片上涂画来遮住图层中的某些内容。或者，把蒙版想象成一片用黑色马克笔完全涂黑的塑胶片，此时图层内容被完全遮住，当你擦掉塑胶片上某个区域中的黑色时，图层上的内容就会透过这个透明区域显露出来。无论你在蒙版上如何操作，都不会损坏图层内容，蒙版只是一个用来隐藏或显示图层指定内容的工具。

在做某些图像处理工作时，选择和蒙版是至关重要的，比如替换人物背景、换掉单调的天空、在商业产品拍摄中创建透明背景，以及改变所选区域的颜色或色调。相关内容将在第 7 课中讲解。

- 高端人像修饰、修改和照片修复。

在 Lightroom 中，我们可以快速地对照片做一些简单的修饰；而在 Photoshop 中，我们可以做一些更细致的图像处理工作，如人物皮肤修饰、照片修复及修改等。Photoshop 中的【液化】滤镜和神经网络滤镜引入了人工智能等新技术，给我们的照片修饰工作带来了很大帮助，大大提升了工作效率。有关这些技术的详细内容将在第 8 课中讲解。

- 移除与重新布置对象。

Lightroom 中的【内容识别】功能能够帮助我们移除画面中的小东西，而 Photoshop 中的【内容识别】功能更加强大，能够移除画面中更大的物体或者重新布置它们在画面中的位置。Photoshop 会智能地分析周围的像素或你指定的另一个区域，以尽可能真实地移除或重新布置对象。当你需要移除与重新布置画面中的对象时，请直接进入 Photoshop 处理。Photoshop 提供了【内容识别填充】工作区、【内容识别缩放】命令、修复与移动工具，能够大大提高处理效率，节省时间。

- 拉直或校正照片透视后填充边角。

Lightroom 提供了一个强大的裁剪工具，可以帮助我们拉直照片，【变换】面板中的 Upright 功能可以快速纠正照片中的透视问题。但是，在使用它们调整照片时会导致画面 4 个角出现空白，为了去除这些空白，我们必须裁剪掉很大一部分画面。针对这样的问题，Photoshop 提供了【内容识别】功能，当你使用【裁剪工具】或【填充】命令时，这些空白区域会自动得到填充。

- 文本、设计、插画、3D 和视频作品。

如果你是一名设计师，那么在向画面中添加设计元素时，必须要用 Photoshop 才能实现，因为 Lightroom 没有相关的功能。在平面设计中，文本、形状和图案等设计元素都是必不可少的，而这些设计元素只有在 Photoshop 中才能找到。

做设计时，你可以先从 Lightroom 中选择一张照片并发送到 Photoshop 中，然后添加所需要的设计元素，最后把制作好的副本保存到 Lightroom 中，以备将来使用。相关内容将在第 9 课中详细讲解。

- 特效。

Photoshop 提供了各种各样的滤镜和图层样式，你可以尽情使用它们来实现自己的创意。从简单模糊到高级照明、油画等各种效果，在 Photoshop 中都可以轻松、快速地实现。

接下来，我们了解一下如何创建 Lightroom 目录。

 创建 Lightroom 目录

前面讲过，Lightroom 目录是一个数据库，里面存储着所导入的照片和视频片段的信息。有些摄影师习惯用一个目录记录所有照片的信息，而有些摄影师会创建多个目录，分开存储照片信息。这里建议把所有照片存放在一个目录中。

前面我们把 Lightroom 目录比喻成一个笔记本，每个目录都是一个独立的笔记本。假如，我请你找一张夏天去墨西哥度假时的照片。首先，你必须知道哪个笔记本中记录着度假照片的位置，才有可能找到那张照片。如果你连记录度假照片位置的笔记本是哪个都忘了，那你就有可能永远都找不到那张照片。

在使用多个 Lightroom 目录时也会面临同样的问题。我们无法实现同时在多个 Lightroom 目录中搜索，因此也会陷入同样的境地，试图回忆哪个目录中存放着所需要的信息。相反，如果你只有一个目录，那搜索起来就会快很多。

这就引出了一个问题：一个目录可以有多大？Lightroom 对目录的大小没有明确的限制。这里说一下我的个人经验，我曾经处理过一个超过 700000 张照片的目录，没有遇到任何问题。再次提醒一下，Lightroom 目录中实际存储的并不是照片本身。你可以把它想象成一个巨大的数字笔记本，里面记录着照片的位置，以及你都对照片做了哪些处理。

除了记录照片的位置外，Lightroom 目录中还保留着图库照片的预览图。这些预览图会占用一些空间，具体占用多少取决于你的个人偏好，后面会讲解一些减少空间占用的方法。

最后一点：虽然你可以自由地把照片保存到不同位置，但对 Lightroom 目录来说，还是建议将其保存到计算机的本地硬盘上。

为了学习本书课程，帮助大家理解相关概念，下面创建一个 Lightroom 目录。具体步骤如下。

❶ 启动 Lightroom。

首次启动 Lightroom 时，它会在用户\[你的用户名]\图片\Lightroom 文件夹下创建一个空的 Lightroom 目录。如果你用的是 Lightroom Classic 这个版本，那目录的默认名称是 Lightroom Catalog. lrcat。若 Lightroom 顶部未显示当前目录名称，请按快捷键 Shift+F，切换到正常屏幕模式下。

❷ 在【图库】模块下，在菜单栏中选择【文件】>【新建目录】。

❸ 在【创建包含新目录的文件夹】对话框中，转到用户\[你的用户名]\文档\LPCIB 文件夹下，然后在【文件名】文本框中输入 LPCIB Catalog，它将作为新目录的名称。

❹ 单击【创建】按钮。在弹出的【备份目录】对话框中单击【本次略过】按钮。请注意，备份时只会备份 Lightroom 目录（即为数字笔记本创建一个副本），而不会备份照片。当前我们尚未向 LPCIB Catalog 目录中添加任何内容，所以暂时不需要备份它。

关闭【备份目录】对话框之后，Lightroom 会重新启动，然后打开 LPCIB Catalog 目录，它是一个全新的空白目录。进入用户\[你的用户名]\文档\LPCIB 文件夹下，你会看到一个名为 LPCIB Catalog 的文件夹，里面包含 LPCIB Catalog 目录的数据库和照片预览文件等。

从第 1 课的"把照片导入 Lightroom 目录"一节开始，我们将把课程文件逐个导入 LPCIB Catalog 目录中。第 1 课的"把照片导入 Lightroom 目录"一节中详细介绍了从硬盘导入照片的完整流程，我们在后续课程的学习过程中会不断使用这个流程，大家在导入自己的照片时也会使用这个流程。

每一课开头都有一个"课前准备"部分，里面简单介绍了如何导入当前课的课程文件。每当你想详细了解如何导入课程文件时，请翻阅第 1 课中的"把照片导入 Lightroom 目录"一节的内容。

 寻求帮助

你可以从如下几个渠道寻求帮助，每个渠道适用于不同的场景。请根据具体情况，选择合适的渠道寻求帮助。

- 程序内帮助。

在 Lightroom 与 Photoshop 的【帮助】菜单中，我们可以轻松获得完整的帮助文档。这些帮助内容会呈现在默认的网页浏览器中。在帮助文档中，你可以快速找到一些常见任务和概念的帮助信息。在你初次接触 Lightroom 或者无网络连接时，该文档会特别有用。在 Lightroom 中，首次进入某个模块时，会看到一些该模块特有的提示内容，帮助你认识该模块的各个组件，引导你熟悉使用该模块的流程。单击各个提示面板右上角的【关闭】按钮，可关闭相应提示面板。不论在哪个 Lightroom 模块下，选择左下角的【关闭提示】，即可禁用提示。从菜单栏中选择【帮助】>【×××模块提示】（×××为当前模块名称），可随时打开模块提示。Lightroom 的【帮助】菜单中有一个【×××模块快捷键】命令，单击即可显示出当前模块中的快捷键。

- 网页帮助。

打开默认的网页浏览器，转到 Adobe 官网的 Lightroom 与 Photoshop 帮助页面，你可以看到最全面、最新的帮助文档。

- PDF 帮助文档。

从 Adobe 官网的 Lightroom 与 Photoshop 帮助页面可下载 PDF 格式的帮助文档，它针对打印专门做了优化。

> 💡注意 下载 PDF 帮助文档后，即使不联网，你也可以在 Lightroom 或 Photoshop 中查看帮助文档。
> 联网的好处是，你可以随时看到最新的更新信息。

 ## Adobe 授权培训中心

Adobe 授权培训中心提供有关 Adobe 软件的培训课程，全部由 Adobe 认证讲师执教。

资源与支持

本书由"数艺设"出品，"数艺设"社区平台（www.shuyishe.com）为您提供后续服务。

配套资源

书中示例的素材文件

资源获取请扫码

"数艺设"社区平台，为艺术设计从业者提供专业的教育产品。

与我们联系

我们的联系邮箱是 szys@ptpress.com.cn。如果您对本书有任何疑问或建议，请您发邮件给我们，并请在邮件标题中注明本书书名及 ISBN，以便我们更高效地做出反馈。

如果您有兴趣出版图书、录制教学课程，或者参与技术审校等工作，可以发邮件给我们。如果学校、培训机构或企业想批量购买本书或"数艺设"出版的其他图书，也可以发邮件联系我们。

关于"数艺设"

人民邮电出版社有限公司旗下品牌"数艺设"，专注于专业艺术设计类图书出版，为艺术设计从业者提供专业的图书、视频电子书、课程等教育产品。出版领域涉及平面、三维、影视、摄影与后期等数字艺术门类，字体设计、品牌设计、色彩设计等设计理论与应用门类，UI 设计、电商设计、新媒体设计、游戏设计、交互设计、原型设计等互联网设计门类，环艺设计手绘、插画设计手绘、工业设计手绘等设计手绘门类。更多服务请访问"数艺设"社区平台 www.shuyishe.com。我们将提供及时、准确、专业的学习服务。

目　录

在 Lightroom 中导入与管理照片

课程概览

　　本课讲解使用 Lightroom【图库】模块的方方面面。初次接触 Lightroom 的读者要认真学习本课；如果你已经熟悉 Lightroom，本课内容很实用，也值得一看。在本课中，照片的存储位置由你指定，我们要学习如何把它们导入目录中。同时，还要了解一下【图库】模块中各个面板的作用，以及如何定制【图库】模块的工作界面。

　　本课学习如下内容。

- 确定照片的存储位置，以及采用什么样的文件夹结构保存。
- 从相机存储卡或者硬盘中的某个文件夹把照片导入 Lightroom 目录中。
- 使用【图库】模块中的各个面板。
- 定制【图库】模块的工作界面。
- 向照片添加版权信息。
- 使用【图库】模块查看、比较、重命名照片。

学习本课大约需要 **2** 小时

　　在 Lightroom 中，借助【图库】模块，我们可以轻松地导入并浏览照片。

1.1 课前准备

学习本课内容之前，请先做好如下一些准备工作。

请注意，如果你已经按照本书前言"创建 Lightroom 目录"中的说明，创建好了 LPCIB 文件夹和 LPCIB Catalog 目录文件，下载本课课程文件并放入 LPCIB\Lessons 文件夹中，请直接跳到第 3 步。

❶ 在计算机中创建一个名为 LPCIB 的文件夹，然后在其中创建 Lessons 文件夹，并把本课课程文件放入其中。

❷ 参考前言"创建 Lightroom 目录"中的说明，在 LPCIB 文件夹下创建 LPCIB Catalog.lrcat 目录文件（该文件位于 LPCIB\LPCIB Catalog 文件夹中）。

❸ 在菜单栏中选择【文件】>【打开目录】，或者选择【文件】>【打开最近使用的目录】> LPCIB Catalog.lrcat。

稍后会讲解如何把 lesson01 文件夹中的照片导入 LPCIB Catalog 目录中。我们先了解一下如何存储照片。

1.2 存储照片

> 💡 注意 一个完整的 Lightroom 备份包括备份照片、Lightroom 目录，以及 Lightroom 预设文件夹。

Lightroom 目录是一个数据库，它保存的是照片的信息，不是照片本身。事实上，你的照片可以存储在任何地方。根据我的个人经验，不建议把照片存放在计算机硬盘中，最好把它们存放在计算机硬盘以外的地方。

摄影是件快乐与痛苦并存的事，一方面我们享受着拍摄的乐趣；另一方面我们也苦恼着该如何存放它们，因为照片是很占用空间的。随着我们受到的启发越来越多，拍摄的照片越来越多，它们占用的空间也越来越多。很快，我们就发现身边有了一大堆硬盘，却不知道应该把照片存放在哪里。

在这些照片占满计算机硬盘之前，你必须考虑把数量不断增长的照片转移到什么地方存放起来，而且要尽快制定一个计划。许多人会跳过这部分内容，直接去学【修改照片】模块。当然，那些内容也是本书非常精彩的部分。笔者的培训课程、图书、研讨班影响过很多人，但其中只有不到 10% 的人向笔者咨询过有关如何使用【修改照片】模块的问题。他们中的大多数人都有十几块硬盘，并把大量的照片分散存放在各个地方，以至于面对这么多的照片经常不知道该怎么办。

目前，我的 Lightroom 目录中记录的照片超过 300000 张，但计算机硬盘（总容量为 1TB）上仍有 250GB 的可用空间。这是怎么办到的呢？因为我把照片分散存放到了不同地方，包括计算机硬盘、外部存储器，以及网络接入存储（Network-Attached Storage，NAS）。本质上，NAS 是一个大容量、可扩展的硬盘。在使用 NAS 设备时，并不需要通过 USB 线缆将其与计算机相连，可以直接把它接入网络中。也就是说，NAS 设备不需要与计算机直连。

在使用计算机时，请尽量保留更多的可用空间，这有助于提升计算机的运行性能。在计算机中，应用程序（尤其是 Photoshop）运行时会不断占用硬盘的可用空间，而硬盘上的可用空间越多，程序的运行速度就越快。

对于照片，建议尽量把它们存储在外置硬盘上，但对于 Lightroom 目录，建议把它保存在计算机的本地硬盘上，因为它只是一个记录照片信息的数据库文件，占用的空间相当小。

虽然本节中讲到的有关保存与组织照片的建议有些特别，但实际做起来并不难。在尝试导入几次照片后，你会发现这非常容易。坚持做下去。

文件夹存储

为了应对数量不断增长的照片，我们需要把照片存储在多个文件夹中。同时，还要有一个可靠的文件夹命名和组织方案，它会为你以后从事摄影事业带来很多的好处。

在 Lightroom 中导入照片时，Lightroom 会在【图库】模块下的【文件夹】面板中记录文件夹的位置。一旦你把文件夹结构告知 Lightroom，就不要轻易对文件夹做任何更改，尤其是在 Lightroom 之外，更不能。当你在计算机操作系统中修改文件夹名称，或者把照片从一个文件夹移动到另外一个文件夹中后，Lightroom 就不知道照片在哪里了。

再回到前言中举的例子，存放照片的箱子原来都放在特定的地方，如果你搬动了某个箱子，但又没有把这种变化记录在笔记本中，那么混乱就会接踵而来。

有时，我们确实需要在【文件夹】面板中更改某个文件夹或照片的位置，但这种改动最好只限于把照片移动到一个更大的存储器或 NAS 设备中。

如果你已经有了一套成熟且有效的组织照片的文件夹结构，你可以继续使用它。如果你的文件夹结构良好，但已经创建了数百个文件夹，也不要担心。只要保持现有文件夹不变，从现在开始遵循新的文件夹组织策略就可以了。

下面有一些很好的建议，能够帮助你更轻松地创建出良好的文件夹结构。

- 在【文件资源管理器】（Windows）或【访达】（macOS）中构建并填充文件夹结构。这比在 Lightroom 中使用【文件夹】面板创建要简单得多，尤其是当需要移动数千个文件时。
- 请牢记，你需要一套有逻辑条理的文件夹和子文件夹来存放你现有的照片，以及将来要添加的照片。换言之，你的存储系统需要具备可扩展性。
- 当相机存储卡中尚有照片未导入硬盘时，请在计算机中把它们复制到新的文件夹结构中，然后再告知 Lightroom。
- 一般我会为每一年拍摄的照片创建一个年份文件夹，然后在年份文件夹中根据拍摄活动或地点创建若干子文件夹，如图 1-1 所示。每个活动文件夹的命名都是年月日的形式。尽量让文件夹结构保持清晰、有条理，有助于简化工作流程。另外，要在元数据中添加更多描述性信息。

如果你希望 Lightroom 中有一个组织良好的照片收藏夹，那么创建和组织好文件夹结构至关重要。接下来，我们一起了解一下如何把新文件夹结构告知 Lightroom。

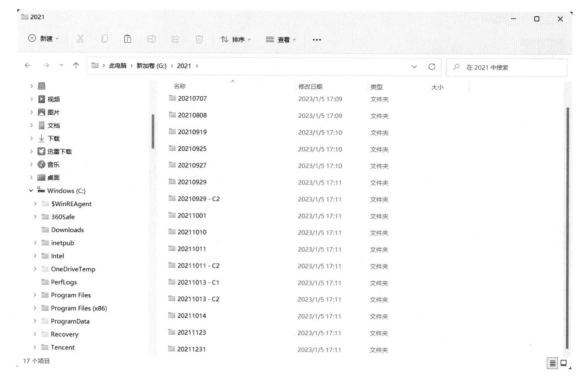

图 1-1

1.3　把照片导入 Lightroom 目录

在 Lightroom 中处理照片之前，我们必须先告知 Lightroom 这些照片是存在的。关于这一点，我们可以通过导入照片来实现。在导入照片的过程中，所有照片的位置都会被记录到 Lightroom 目录中。

> **注意**　有些 Lightroom 用户喜欢创建多个目录来分别记录私人照片和商业照片。如果你是一个经验丰富的 Lightroom 用户，那么这么做可能有你的道理。但我还是要提醒你一句，Lightroom 的搜索功能不能实现跨目录搜索，它一次只能搜索一个目录。相较于多个目录，维护一个目录显然要轻松、简单得多。

"导入"这个词容易引起误解，会让人误以为导入后的照片是保存在 Lightroom 中的，其实不然。看一下 Lightroom【导入】窗口顶部的文字，就能更好地了解导入照片时发生了什么。在导入照片时，可选择如下导入方式。

- 【拷贝为 DNG】与【拷贝】：选择这两种导入方式时，Lightroom 会把照片从一个位置复制到另外一个位置，大多数时候是把照片从相机存储卡导入硬盘中（更多相关内容，请阅读"了解【拷贝为 DNG】"）。而且，Lightroom 还会为每张照片在数据库中添加一条记录，同时为其创建一个预览，以便用户在【图库】模块中快速浏览它们。

- 【添加】：选择该导入方式，Lightroom 会在目录文件中为每张照片添加一条记录并创建一个预览，但不会移动照片位置，被导入的照片仍然存放在原来的位置（本地硬盘或外置硬盘）上，如图 1-2 所示。

图 1-2

- 【移动】：选择该导入方式，Lightroom 会在目录文件中为每张照片添加一条记录并创建一个预览，同时会把照片从一个位置移动到另一个位置，而原位置的照片会被删除。

1.3.1 从相机存储卡导入照片

如果你想和我一起完成这个过程，那么请先在相机里放一张存储卡，然后拍 20 张照片。你可以随便拍些什么，重要的是要确保存储卡上有 20 张照片，这样才能有效学习如何把它们从存储卡导入计算机中。

> 💡 注意　如果你想了解更多关于如何在 Lightroom 中使用【导入】窗口把照片从相机存储卡导入计算机硬盘上，包括详细的操作步骤，请阅读本人的另一本拙作《Adobe Photoshop Lightroom Classic 2022 经典教程（彩色版）》。

当把相机存储卡插入计算机时，Lightroom 的【导入】窗口会自动打开（需要在【首选项】对话框的【导入选项】区域勾选【检测到存储卡时显示导入对话框】）。【导入】窗口分为 3 个独立的部分：照片的导入源、导入方式及存储位置。下面我们一起了解一下具体的导入过程。

> 💡 提示　当把所有照片从相机存储卡成功复制到硬盘上后，请把相机存储卡重新放入相机，然后使用相机中的菜单命令删除照片或格式化整个存储卡。

❶【导入】窗口左侧显示的是照片的导入源，包括相机存储卡，以及计算机中的其他文件夹。在计算机上插入相机存储卡后，默认选中的照片导入源就是相机存储卡。勾选【导入后弹出】，这样当照片导入完成后，相机存储卡就会从计算机中安全地移除。

❷【导入】窗口的中间区域是照片预览区域，显示的是相机存储卡中的所有照片。照片预览区域上方显示的是导入方式选项，在从相机存储卡导入照片时，常用的两个导入方式选项是【拷贝】和【拷贝为 DNG】。

❸ 在照片预览区域中，照片默认显示在【网格视图】下，而且所有照片缩览图自动处于选中状态，这可以让我们知道当前等待导入的照片是哪些。照片预览区域底部有【全选】与【取消全选】两个按钮，如图 1-3 所示。单击【取消全选】按钮后，所有照片处于未选中状态，此时你可以自己指定要导入的照片。

图 1-3

单击【取消全选】按钮，在照片预览区域单击第一张照片，然后按住 Shift 键，单击最后一张照片，可选中它们之间的所有照片。按住 Command/Ctrl 键，单击多张照片时，将只选中单击的照片，而不会连续选择，如图 1-4 所示。

选择照片后，被选中的照片虽然高亮显示了，但仍不算是待导入的照片。在选中的任意一张照片缩览图上，勾选其左上角的复选框，此时所有高亮显示的照片左上角的复选框均被勾选，这些照片都变成了待导入的照片，如图 1-5 所示。

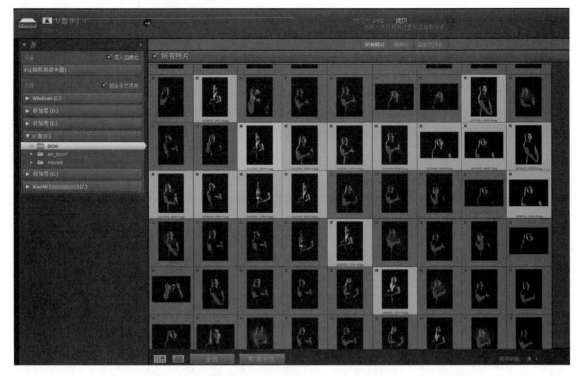

图 1-4

图 1-5

　　双击某张照片缩览图（或者按 E 键），将其在【放大视图】下打开，可在更大的视图中查看照片。单击照片预览区域左下角的【网格视图】按钮（或者按 G 键），可返回【网格视图】。

　　在【网格视图】下，照片预览区域右下角有一个【缩览图】滑块，拖动滑块（或者按 +/- 键）可改变缩览图的大小，如图 1-6 所示。

　　④ 在【导入】窗口的右上角，可以指定导入照片的存放位置。默认设置下，Lightroom 会把导入的照片放入计算机的【图片】文件夹中。单击【导入】窗口的右上角（带有硬盘的图标），在弹出的菜单中选择【其他目标】。在【选取目标文件夹】对话框中，选择年份文件夹，然后单击【新建文件夹】

按钮，新建一个活动或地点文件夹。最后单击【选择文件夹】按钮，关闭对话框。

图 1-6

⑤ 在【文件处理】面板中，有许多选项供我们选用。

- 在【构建预览】菜单中选择【最小】。稍后，会在"【构建预览】各个选项的含义"中详细讲解处理照片时可选用的每种预览。

- 【构建智能预览】选项会在本书后面课程中讲解，当前请取消勾选它，如图 1-7 所示。

图 1-7

- 勾选【不导入可能重复的照片】选项后，Lightroom 不会把那些已经导入过的照片添加到目录中。比如，在一次拍摄活动中，相机存储卡在使用前未格式化，里面还有上次拍摄的照片，那么在从相机存储卡导入照片时，勾选该选项后，Lightroom 就不会再导入那些已经导入过的照片了。

- 再往下是【在以下位置创建副本】选项，勾选该选项，导入照片时可把照片同时备份到另外一个位置，但目前请不要勾选该选项。

- 最后一个选项是【添加到收藏夹】。收藏夹是一种组织照片的好工具，在 Lightroom 中我们一定会使用它。更多相关内容将在第 2 课中讲解。当前，请不要勾选【添加到收藏夹】选项。

了解【拷贝为 DNG】

在 Lightroom 的【导入】窗口中，有一种导入方式叫【拷贝为 DNG】。DNG（Digital Negative，数字负片）是 Adobe 推出的一种 Raw 文件的标准开放格式（三星相机将其作为默认出厂设置）。与一些封闭的专有 Raw 格式（比如佳能的 CR2 格式、尼康的 NEF 格式）相比，DNG 格式的一大优点是照片的编辑和元数据保存在原始文件而非单独的 XMP 文件（一种附带文件）中。DNG 格式的另一个优点是，Lightroom 将 DNG 格式文件用于智能预览时，我们可以把桌面目录与移动设备同步，方便在 Lightroom 中进行编辑。

DNG 格式的文件中保存了你对照片所做的修改和相关元数据，很适合用来存档，但 Lightroom 并未强制要求你把专有 Raw 格式（或者 JPEG 等其他图片格式）转换成 DNG 格式。即使你希望把照片转换成 DNG 格式，也不要马上行动，最好等选好照片再转换。在 Lightroom 的【图库】模块下，选择目标照片，然后在菜单栏中选择【图库】>【将照片转换为 DNG 格式】，即可启动转换。此外，你还可以从网上下载免费的 Adobe DNG Converter，把照片从专有的 Raw 格式转换成 DNG 格式。

1.3.2　导入期间重命名文件和文件夹

前面我们讲到了文件夹命名的重要性——为文件夹命名有助于组织照片，而且给出了一个如何命名文件夹的例子。下面给出一些给文件命名的建议。

- 与文件夹一样，每个文件的名称都以年份开头，然后加上月、日。
- 命名文件时使用小写字母。虽然现在的计算机能自动识别大小写，但统一使用小写字母看上去会更整齐。
- 命名时，当需要在字母之间留空隙时，不要用空格，要用下画线（ _ ）。
- 在文件名的末尾可以添加 C1、C2、C3 等字样作为后缀，用来代表这些照片来自存储卡 1、存储卡 2、存储卡 3 等。若一次拍摄活动中用到多张存储卡，导入照片时这样标记照片很有必要。

例如，在 2022 年 1 月 25 日的州博览会上，我拍摄了一些照片，导入这些照片时，我会按照拍摄日期创建一个名为 20220125 的文件夹，用来存放所有照片。如果拍摄期间仅使用了一张存储卡，那每张照片的名称应该由两部分构成：20220125_C1_ 和照片编号。这样的文件名长吗？长。它给出有关拍摄的完整信息了吗？当然给出了。

在照片名称中加上 C1 的真实原因是：在 Lightroom 中导入照片时，有时会遇到一些有彩色条纹的照片（见图 1-8），并且完全认不出这些照片原来拍的是什么。

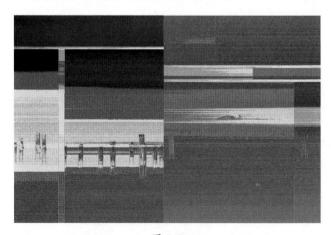

图 1-8

乍一看，好像是一些有趣的艺术作品，实则不然，它们是一些损坏的照片。我们所使用的相机存储卡并没有想象的那么安全可靠。与其他东西一样，随着时间的推移，相机存储卡也可能会出现各种问题。有时会因为相机存储卡出现问题导致照片损坏。在从多张存储卡导入照片时，遇到一张损坏的照片时，你怎么判断它来自哪张存储卡呢？每当买来一张新存储卡，我都会给它贴一个标签，上面标上"Cn"（"n"是数字编号）。在导入这张存储卡中的照片时，我也会在照片名称中加上该存储卡的标记"Cn"。当我发现有照片已损坏时，只需看一眼照片名称，就会知道到底是哪张存储卡出了问题。

像这样，只要在照片名称中简单地加上类似 C1、C2 的存储卡标记，就能轻松确定问题所在，如图 1-9 所示。

图 1-9

接下来，我们就在【导入】窗口中的每张照片的名称中加上存储卡标记。

❶ 在【文件重命名】面板中，勾选【重命名文件】选项，在【模板】菜单中选择【自定名称 - 序列编号】。在【自定文本】中输入照片的公共前缀，这里输入 20220125_C1，后面跟着照片编号（如 1、2 等），照片编号由 Lightroom 自动添加，如图 1-10 所示。

❷ 在【目标位置】面板中，勾选【至子文件夹】，然后在文本框中输入目标文件夹名称，这里输入 20220125，如图 1-11 所示。在【组织】菜单中选择【到一个文件夹中】，可避免过度创建多个文件夹。

设置完毕后，单击【导入】窗口右下角的【导入】按钮，等待导入完成即可。

图 1-10

图 1-11

1.3.3 从硬盘导入照片

上一小节讲解的照片导入流程适合导入新拍摄的照片，而对于那些已经存在于硬盘中的照片，我们又该如何把它们导入 Lightroom 目录中呢？肯定有很多摄影师想知道答案，因为他们的硬盘里有成千上万张照片。具体导入方法如下。

❶ 打开新创建的 Lightroom 目录——LPCIB Catalog。

当前 LPCIB Catalog 目录是空的，Lightroom 会自动打开【图库】模块，并且进入【网格视图】（该视图下，Lightroom 以一系列缩览图的形式显示照片）。以后添加更多照片时，请先单击软件界面右上角的"图库"二字，确保当前处在【图库】模块下，然后单击左下角的【导入】按钮，或者在菜单栏中选择【文件】>【导入照片和视频】，或者按快捷键 Shift+Command+I/Shift+Ctrl+I，如图 1-12 所示。

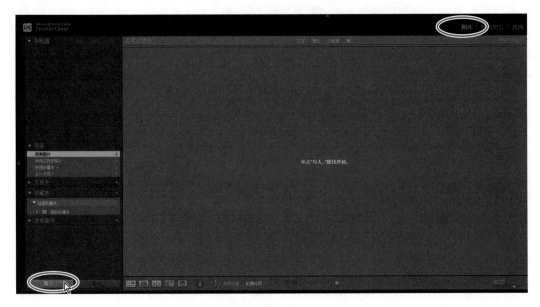

图 1-12

导入期间添加版权信息

　　为了保护照片，可以在照片的元数据中添加一些版权和联系信息。虽然这不能完全阻止别人窃取你的照片，但是当他们在照片中看到你添加的版权信息时至少会慎重考虑一下。

　　【在导入时应用】面板中有一个【元数据】菜单，你可以使用它向导入的所有照片中添加一些版权信息。由于本书中用到的照片不是你拍摄的，所以你没必要给这些照片加上自己的版权信息。但是，每个人都有必要创建一个专属的版权预设，方便以后导入自己拍摄的照片时加上自己的版权信息。

　　在 Lightroom 中，导入自己拍摄的照片时，在【导入】窗口的【元数据】菜单（位于【在导入时应用】面板中）中选择【新建】，打开【编辑元数据预设】对话框，如图 1-13 所示。在【编辑元数据预设】对话框中，滚动到【IPTC 版权信息】区域。在【版权】中，按快捷键 Option+G（macOS）或 Alt+0169（Windows，数字小键盘）输入版权符号，然后输入版权年份和你的姓名。在【版权状态】菜单中选择【有版权】。在【权利使用条款】文本框中输入"All rights reserved"（保留一切权利）等信息。如果你的个人网站中有更多版权信息说明，可在【版权信息 URL】文本框中输入你的网站地址。滚动到【IPTC 拍摄者】区域，输入你希望添加的个人信息，然后在对话框顶部的【预设】下拉列表中输入一个预设名，单击【完成】按钮，保存版权预设。

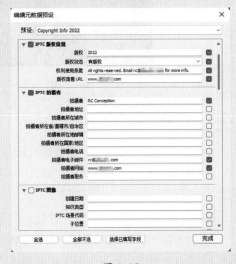

图 1-13

导入照片时，在【元数据】菜单中选择刚刚创建的版权预设，即
可把版权信息添加到照片上，如图 1-14 所示。此外，在【图库】模
块下，选择一些照片缩览图，然后使用【元数据】面板也可以向照片
应用创建好的元数据预设。

图 1-14

❷ 单击软件界面左下角的【导入】按钮，打开【导入】窗口，然后在左侧的【源】面板中找到
保存照片的文件夹。单击某个文件夹名称，可将该文件夹展开，方便查看文件夹中的内容。找到本书
课程文件夹，然后单击 lesson01 文件夹。

此时，【导入】窗口中间的照片预览区域会显示出 lesson01 文件夹中的照片的缩览图。若未显示
出来，请勾选【源】面板顶部的【包含子文件夹】。

❸ 在【导入】窗口顶部的导入方式中，确保【添加】处于选中状态（默认设置下，【添加】处于
选中状态），如图 1-15 所示。前面讲过，选择【添加】后，Lightroom 只会把照片的相关信息添加到
目录中，不会移动照片，照片仍然存放在原来的位置。

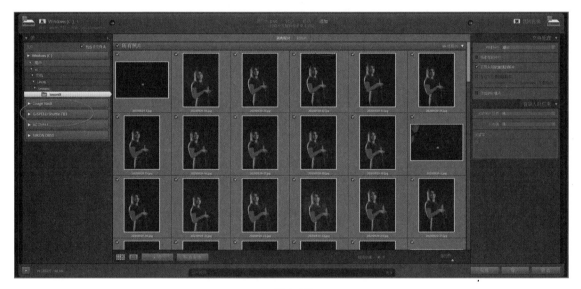

图 1-15

❹ 每个照片缩览图的左上角有一个复选框，用于指定是否把该照片添加到 Lightroom 目录中。这
里，我们要确保所有照片缩览图左上角的复选框处于勾选状态，这样 Lightroom 才会把所有照片添加
到目录中。

💡 提示 当你导入自己拍摄的照片时，很有可能会主动取消勾选那些不满意的照片，不想把它们导入
Lightroom 中。不建议这样做，我们还是要把所有照片导入 Lightroom 中，然后在【图库】模块中评
估和挑选出自己满意的照片。尤其是当你拍摄了大量照片时，强烈建议你这样做。

❺ 在软件界面右上角的【文件处理】面板中，在【构建预览】菜单中选择【最小】（若【文件处
理】面板处于折叠状态，请单击面板名称，将其展开）。【构建预览】菜单用于设置照片在预览区域中
的大小。关于照片预览图大小的更多内容，请阅读"【构建预览】各个选项的含义"。出于本课学习的

需要，请不要选择【文件处理】面板中的其他选项。

❻【在导入时应用】面板中有【关键字】和【修改照片设置】两个选项，分别用来向当前正在导入的照片添加关键字和应用修改照片设置。照片导入完成后，我们还可以在【图库】模块下向某些照片单独添加关键字和应用修改照片设置。这里，我们暂且跳过这一步。

【构建预览】各个选项的含义

· 【最小】和【嵌入与附属文件】：这两个选项都会用到嵌入在原始照片中的预览图。这些尺寸相对较小的预览图用来充当照片的初始缩览图，帮助我们在【图库】模块下快速浏览照片。拍照时，相机会在每张照片中嵌入一张小尺寸的 JPEG 预览图（无颜色管理），选择【最小】选项后会使用这些预览图。选择【嵌入与附属文件】选项后，Lightroom 会寻找并使用嵌入在照片文件中尺寸较大的预览图。在导入大量照片时，如果你希望加快导入过程，请选择【最小】选项。

当你有更多的时间时，可以进入【图库】模块，然后在菜单栏中选择【图库】>【预览】>【构建 1:1 预览】或【构建标准大小的预览】，让 Lightroom 为所选照片生成更大的预览图。

· 【构建标准大小的预览】：选择该选项可加快你在【图库】模块中浏览照片的速度，同时又不会像选择【构建 1:1 预览】选项那样减慢照片的导入速度。选择该选项后，Lightroom 会在导入照片时构建标准大小的预览图，以方便我们在【图库】模块的【放大视图】下查看照片。在菜单栏中选择【Lightroom】>【目录设置】（macOS），或者【编辑】>【目录设置】（Windows），【文件处理】选项卡下有一个【标准预览大小】菜单，通过它可以指定标准预览图的大小。在【标准预览大小】菜单中，你可以选择的最大预览图尺寸是 2880 像素（长边）。选择标准预览图的大小时，最好根据你的屏幕分辨率进行选择，使其等于或略大于你的屏幕分辨率即可。

· 【构建 1:1 预览】：选择该选项后，Lightroom 会构建与原始照片相同大小的预览图。在【图库】模块下，检查照片的锐度和噪点时，使用 1:1 的预览图会非常方便。如果选择让 Lightroom 在导入照片期间构建 1:1 预览图，那么在【图库】模块中放大照片浏览时，就不需要再等待 Lightroom 生成 1:1 预览图了。但是，选择构建 1:1 预览图会大大增加照片的导入时间，而且在 Previews.lrdata 文件中 1:1 预览图的尺寸也是最大的。在【图库】模块下，选择照片缩览图，然后在菜单栏中选择【图库】>【预览】>【放弃 1:1 预览】，或者在【目录设置】中指定在多少天后自动放弃 1:1 预览，可在一定程度上解决 1:1 预览图大量占用磁盘空间的问题。在 macOS 中，在菜单栏中选择【Lightroom】>【目录设置】，单击【文件处理】选项卡，可找到【自动放弃 1:1 预览】选项；在 Windows 系统下，在菜单栏中选择【编辑】>【目录设置】，单击【文件处理】选项卡，可找到【自动放弃 1:1 预览】选项。当我们请求放大 1:1 预览图时，Lightroom 会重新构建 1:1 预览图。

❼ 在【导入】窗口左下角单击【导入】按钮，此时 Lightroom 会把我们选择的所有照片添加到目录中，同时应用指定的设置，然后关闭【导入】窗口。

回到【图库】模块中，软件界面左上角有一个进度条，显示当前 Lightroom 将照片添加到目录并构建预览的进度。所有照片导入完成后，Lightroom 会在左侧的【目录】面板中自动选择【上一次导入】，同时会在中间预览区域和底部胶片窗格中显示出照片的缩览图，如图 1-16 所示。

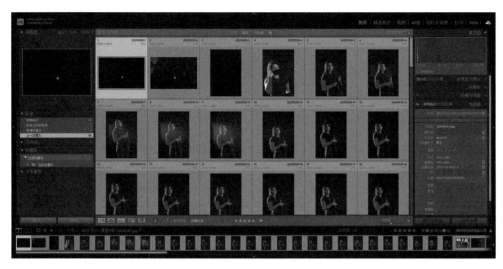

图 1-16

接下来，我们一起学习一下如何使用【图库】模块。

1.4 使用【图库】模块

在使用 Lightroom 时，很多时候我们都是在使用【图库】模块。【图库】模块下有许多面板、工具，可以帮助我们轻松地管理、评估、组织照片。接下来，我们一起了解一下【图库】模块中各个面板的作用，如何选片，以及如何用不同方法定制界面。

1.4.1 认识各个面板

在每个 Lightroom 模块中，左右两侧是一系列面板，中间是一个可自定义的预览区域，下方是一排工具。在【图库】模块下，左侧是各种源面板，右侧是各种信息面板，中间是预览区域，如图 1-17 所示。

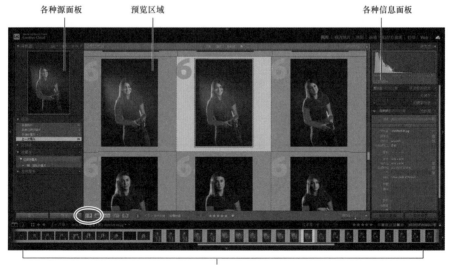

图 1-17

【图库】模块的底部是胶片窗格，它在一个水平行中显示导入的照片的预览图。当你不在【网格视图】下查看照片，或者在其他 Lightroom 模块中处理特定照片时，可以很方便地在胶片窗格中选取照片。

单击面板名称或名称栏中的任意位置，可快速折叠或展开面板。胶片窗格右侧有一个三角形图标（位于工作界面底部），单击此图标可折叠或展开胶片窗格。

默认设置下，【图库】模块打开时即处在【网格视图】下，此时预览区域下方工具栏中的【网格视图】图标是高亮显示的（见图 1-17）。左侧【目录】面板中的选定收藏夹（这里是【上一次导入】）用于指示你当前正在查看哪些照片。

1. 各个源面板

【图库】模块左侧面板的主要功能是确定预览区域中显示的内容。

- 【导航器】面板：该面板用来控制照片的缩放级别，以及预览区域中显示照片的哪一部分。
  - 选择【适合】选项后，当前选中的照片完全显示在预览区域中，我们可以看到完整的照片。
  - 选择【填满】选项（它与【适合】选项在同一个菜单中）后，Lightroom 会把照片放大，使其填满整个预览区域，这样我们往往只能看见照片的某个局部。
  - 选择【100%】，Lightroom 将以全尺寸显示所选照片。
  - 再往右是一个百分比菜单，其中列出了一些常用的缩放级别，如图 1-18 所示。在【导航器】面板中，选择【适合】，此时缩览图中出现一个白色边框（位于【导航器】面板中）。当你放大照片（比如选择【填满】或【100%】）时，白色边框就会缩小，边框内的部分就是预览区域中当前显示的内容。在【导航器】面板中，把鼠标指针移动到白色边框内，按住鼠标左键拖动白色边框，随着边框的拖动，预览区域中显示的照片内容也会跟着发生变化。

图 1-18

💡 提示　Lightroom 会记住你最近使用的缩放级别，并允许你按空格键在它们之间来回切换。例如，选择【适合】，再选择【100%】，然后按空格键，可在两个缩放级别之间快速切换。

- 　【目录】面板：借助该面板，我们可以快速访问目录中的某些特定照片。
  - 　选择【所有照片】，Lightroom 会显示出目录中的所有照片。
  - 　选择【快捷收藏夹】，Lightroom 会显示临时收藏夹（其中的照片由你选定）或目标收藏夹（该收藏夹由你指定，比如当前你正在添加照片的收藏夹）中的照片。
  - 　选择【上一次导入】，Lightroom 会显示最近一次添加到目录中的照片。
- 　【文件夹】面板：该面板显示你的硬盘和文件夹系统。单击某个文件夹，可查看其中包含的所有照片；单击文件夹名称左侧的三角形，可显示其中包含的子文件夹。【文件夹】面板中不会显示你的计算机中的所有文件夹，而只显示你在导入照片时告知 Lightroom 的那些文件夹。这里指的是 lesson01 文件夹，它位于 LPCIB\Lessons 文件夹中，如图 1-19 所示。

图 1-19

　　默认设置下，【文件夹】面板只显示 Lightroom 所知道的那个文件夹（lesson01），其父文件夹不会显示出来。在【文件夹】面板下，使用鼠标右键单击某个文件夹（lesson01），从弹出的快捷菜单中选择【显示父文件夹】，可将所选文件夹的父文件夹（Lessons）显示出来。

一旦你把文件夹结构告知 Lightroom，就不要再在计算机操作系统中随意重命名或者移动文件夹及其照片。

> 💡 提示 如果某些照片在 Lightroom 中丢失，请在菜单栏中选择【图库】>【查找所有缺失的照片】，找回那些丢失的照片。

> 💡 提示 为了组织照片，我们常会不自觉地创建大量文件夹和子文件夹，不要这么做。请尽量使用 Lightroom 中的收藏夹代替文件夹来组织照片，这么做的好处更多。

- 【收藏夹】面板：我们可以把 Lightroom 中的收藏夹想象成影集。收藏夹是一种组织和管理照片的好工具。关于如何使用收藏夹的内容，将在第 2 课中详细讲解。
- 【发布服务】面板：借助该面板，你可以创建预设并把应用了 Lightroom 编辑的照片副本按指定格式导出。你可以使用这个面板把照片导出到硬盘，或者上传到照片分享网站和你的个人网站上。你可以使用这些预设更改照片文件的格式、名称、大小、元数据，以及添加水印等，相关内容将在第 11 课中讲解。

2. 各个信息面板

【图库】模块右侧有一系列的信息面板。借助这些面板，你可以获取 Lightroom 目录中照片的相关信息，也可以向目录中添加照片的相关信息。信息面板有如下几个。

- 【直方图】面板：直方图由一系列的条形图组成，表示的是照片中各个像素的每个颜色通道中包含的明暗色调，如图 1-20 所示。直方图左侧显示的是暗调，右侧显示的是亮调。直方图的宽度代表的是照片的整个色调范围，从最暗的阴影（黑色）到最亮的高光（白色）。

条形图越高，相应颜色通道中处于相应亮度级别的像素就越多。条形图越低，相应颜色通道中处于相应亮度级别的像素就越少。

图 1-20

另外一种理解"直方图"的方式是：我们把照片想象成一面由不同彩砖（正方形）砌成的墙，把这面墙中相同颜色的砖块分别取出，按照不同亮度级别（介于 0 到 255 之间）堆成一堆堆的砖块，最终就形成了直方图。在某个亮度级别上，某种颜色的砖块堆得越高，说明该颜色的砖块在该亮度级别的数量越多。

这张照片中的暗调区域面积较大，像素主要集中在直方图左侧的暗调区域，而且可以看到有一个尖峰，它是由黑色背景和模特身穿的黑色上衣引起的。

【快速修改照片】面板中有一个【存储的预设】菜单，借助该菜单，你可以把在【修改照片】模块中创建的预设应用到一张或多张照片上。当你只想向照片应用之前创建的预设时，可以使用该菜单实现快速应用，这样就不用再进入【修改照片】模块，大大地提升了工作效率。

- 【快速修改照片】面板：在使用 Lightroom 时，对照片的大部分处理工作都是在【修改照片】模块中完成的，但是有些简单的快速修片工作也是可以在【图库】模块的【快速修改照片】面板中做的。在【快速修改照片】面板中所做的调整有点特别，那就是这些调整都不是绝对的，而是相对的。例如，选择 3 张照片，然后在【快速修改照片】面板的【色调控制】下，单击【曝光度】的左箭头，这样每张照片的曝光度就会分别降低 1/3 挡，而且是分别针对当前各自的曝光度降低的。也就是说，同时降低 1/3 挡的曝光度后，每张照片的曝光度都是不一样的。相比之下，如果你在【修改照片】模块下修改了某张照片的曝光度，然后把修改同步到其他两张照片上，最终 3 张照片的曝光度会一模一样。
- 【关键字】面板与【关键字列表】面板：这两个面板都与关键字有关，关键字就是一些描述性标签，你可以把它们添加到照片上，方便日后查找照片。【关键字】面板用来统一向所选照片添加和应用关键字，也用来查看所选照片上都应用了哪些关键字。【关键字列表】面板会显示目录中存在的所有关键字，还用来创建和组织关键字。与关键字相关的更多内容我们将在第 2 课中讲解。
- 【元数据】面板：【元数据】面板显示所选照片的大量信息，包括文件名、标题、尺寸、相机设置等，如图 1-21 所示。借助该面板，你可以轻松地向照片中添加缺失信息，或者更改照片中已有的某些信息。

图 1-21

- 【评论】面板：当你把照片分享到网上时，别人可以留下评论内容。在【评论】面板中，你可以查看这些评论内容。

了解完【图库】模块下的各个面板后，接下来，我们一起学习一下如何自定义【图库】模块。

1.4.2 自定义【图库】模块

如你所见，在【图库】模块下，各个面板占据了大量的屏幕空间。但我们有多种方法可以把更多屏幕空间省下来，留给照片预览区域。例如，我们可以单击面板组外侧的三角形图标（位于黑色边框内），把面板组隐藏起来。

- 再次单击三角形图标，可将面板组重新显示出来。（从技术上讲，你可以单击黑色边框内的任意位置来隐藏或显示面板组，不是非得单击三角形图标，但三角形图标是最容易识别的。）

把面板组隐藏起来后，移动鼠标指针到黑色边框内，面板组会重新显示出来，当鼠标指针离开黑色边框后，面板组又会隐藏起来。如果你觉得面板组的这种自动显示与隐藏功能会影响到你的工作（很可能会这样），请使用鼠标右键单击黑色外边框，然后从弹出的快捷菜单中选择【手动】，如图 1-22 所示。这样一来，面板组就会一直保持隐藏状态，直到你再次单击黑色边框，它才会显示出来。

图 1-22

- 按 Tab 键，可同时隐藏工作界面左右两侧的面板组。再次按 Tab 键，可以将它们再次显示出来。
- 按快捷键 Shift+Tab，可同时隐藏所有面板和工具栏，如图 1-23 所示。再次按快捷键 Shift+Tab，可将它们再次显示出来。

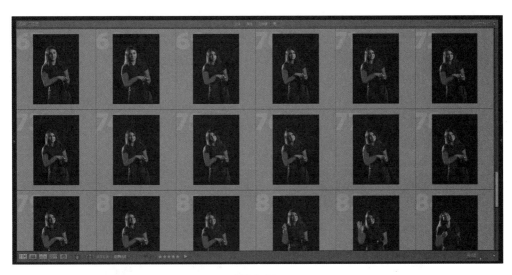

图 1-23

· 通过控制背景光的明暗程度，我们可以将照片预览区域周围的一切变暗或隐藏，如图 1-24 所示。按一次 L 键，照片预览区域周围的一切（包括各种面板、其他打开的应用程序和计算机桌面）都会变暗。再按一次 L 键，关闭背景光，此时预览区域周围的一切变黑，完全隐藏了起来。再次按 L 键，返回正常视图模式。除了可以通过 L 键控制背景光，你还可以使用菜单栏中的【背景光】命令（【窗口】>【背景光】）来控制背景光。当你在评估或比较照片时，可以使用这种方式把背景光变暗或者关闭背景光，使注意力集中到照片上。

图 1-24

- 按 F 键可进入【全屏预览】模式，Lightroom 会放大预览图，使其填满整个屏幕。再次按 F 键，则退出【全屏预览】模式。按快捷键 Shift+F，可在多种屏幕模式之间循环切换。此外，你还可以使用【窗口】>【屏幕模式】菜单命令在不同屏幕模式之间切换。

- 另外一种管理面板的简便方法是使用【单独模式】。在【单独模式】下，每次只能有一个面板处于展开状态，其他面板均处于折叠状态。当你单击另外一个面板时，当前处于展开状态的面板会立即折叠起来，同时被单击的面板展开。使用鼠标右键单击任意一个面板名称，然后从弹出的快捷菜单中选择【单独模式】，即可开启【单独模式】，如图 1-25 所示。当多个面板同时处于展开的状态下，必须拖动面板组右侧的滚动条，才能找到要用的面板。在开启【单独模式】后，就省去了这些麻烦，如图 1-26 所示。

图 1-25   图 1-26

开启【单独模式】前，面板标题栏左端的三角形图标是实色填充的（见图 1-25）；开启【单独模式】后，三角形图标变为虚点填充（见图 1-26）。

> 💡提示　在【图库】模块下，若预览区域下方未显示出工具栏，可按 T 键将其显示出来。

除了面板，我们还可以自己指定照片预览图的展现方式。默认设置下，【图库】模块使用的是【网格视图】，即照片以缩览图形式显示在一个网格中，而且缩览图的大小是可调整的。此时，在【图库】模块的工具栏中，【网格视图】图标处于激活状态，显示为浅灰色。除了【网格视图】，【图库】模块的工具栏中还提供了如下视图。

- 【放大视图】：在【放大视图】下，Lightroom 会放大你选择的照片缩览图，无论当前预览区域有多大，都会使其充满整个预览区域。进入【放大视图】有如下 3 种方式：一是单击工具栏中的【放大视图】图标（一个深灰色矩形嵌套在一个浅灰色矩形中）；二是按 E 键；三是双击照片缩览图。在以 100% 的缩放级别查看照片时，把鼠标指针移动到照片预览区域中，鼠标指针会变成一个手形图标，此时按住鼠标左键拖动，可在预览区域中看到照片的不同部分。

- 【比较视图】：在【比较视图】下，我们可以把两张照片并排放在一起，方便做比较，例如，比较哪一张清晰度更高。按住 Command/Ctrl 键，单击两张照片，将它们同时选中，然后单击【比较视图】图标（标有 X 与 Y 的那个图标），或者按 C 键，进入【比较视图】。按空格键，Lightroom 会以 100% 显示照片，移动鼠标指针到左侧照片（【选择】照片）中（此时鼠标指针变为手形）单击，拖动鼠标，检查画面中各个地方的细节。在【链接焦点】处于开启的状态下，当你在其中一张照片上拖动鼠标时，另一张照片（【候选】照片）也会同时跟着变化。

在胶片窗格中，当前【选择】照片（左侧照片）缩览图的右上角有一个白色的菱形标志，而【候选】照片（右侧照片）缩览图的右上角有一个黑色的菱形标志，如图 1-27 所示。

💡 提示　比较两张照片时，若你觉得【候选】照片好于【选择】照片，可先单击选择【候选】照片，然后按上箭头键，将其移动到左侧，使其变为【选择】照片。同时 Lightroom 会从胶片窗格中选取下一张照片作为【候选】照片，显示在右侧，以便你能重复这个过程。当你拍摄了大量照片（比如使用连拍模式拍摄），需要从中挑选照片时，使用这种方式选片会非常方便。

　　每个照片缩览图的左下角有两个旗标，分别表示选取和排除。遇见喜欢的照片时，可单击选取旗标，将其标记为选取；遇见不喜欢的照片时，可单击排除旗标，将其设置为排除。有关旗标的更多内容，将在 2.2.1 小节中详细讲解。再次单击【比较视图】图标，退出【比较视图】，或者直接按 G 键，返回【网格视图】。

图 1-27

- 【筛选视图】：在【筛选视图】下，我们可以同时并排比较多张照片。同时选择 4 张或多张照片，然后单击【筛选视图】图标（大矩形内有 3 个小矩形和 3 个点），或者按 N 键，进入【筛选视图】。把鼠标指针移动到某张照片上，单击右下角的叉号，如图 1-28 所示，或者单击某张照片，按斜杠键（/），可将其从选集中移除。在【筛选视图】下，你还可以根据需要在预览区域中拖动照片，重新排列照片。当你发现喜欢的照片后，可以把鼠标指针移动到照片上，然后单击照片左下角的选取旗标，将其标记为选取。再次单击【筛选视图】图标，即可退出【筛选视图】，或者直接按 G 键，返回【网格视图】。

图 1-28

选择照片缩览图的技巧

选择待处理的照片时，要养成一个好的选择习惯，不要直接单击照片画面，而是要单击照片缩览图周围的灰色区域。这是为什么？因为在 Lightroom 中，你可以同时选择多张照片，但其中只有一张处于"主选择"（most selected）状态，随后的所有调整都会影响到处于"主选择"状态的照片，比如在【图库】模块下的【快速修改照片】面板以及【修改照片】模块下做出的各种调整。

这个行为看起来有点让人费解，但它却能够有效地防止你不小心对一批照片做了误处理。当我们调整某张照片时，有时会意识不到当前已经选择了多张照片，导致调整意外地影响到了多张照片，类似的误处理很常见。理解这一点的最好办法是，按照如下步骤亲自动手试一试。

❶ 在【图库】模块的【网格视图】下，单击第一个照片缩览图，将其选中。然后，按住 Command/Ctrl 键，单击接下来的两个照片缩览图，把它们加入选集中，此时 3 张照片同时处于选择状态（此外，按住 Shift 键，单击第 3 个照片缩览图，也可以同时选中 3 张照片）。仔细观察，你会发现 3 个照片缩览图中的第一个照片缩览图要比另外两个照片缩览图亮一些，这表明当前它处于"主选择"状态，如图 1-29 所示。

图 1-29

❷ 此时，直接在第二个照片缩览图画面上单击。

这样操作后，我们原本希望只有第二个照片缩览图处于选择状态，其他两个照片缩览图取消选择，因为这种行为在其他应用程序中是常见的。然而，事实并非如此。当我们单击第二个照片缩览图的画面时，处于"主选择"状态的照片缩览图由第一个照片缩览图变为第二个照片缩览图，如图 1-30 所示。

图 1-30

❸ 按快捷键 Command+D/Ctrl+D，取消选择所有照片缩览图。

❹ 重复第 1 步，在【网格视图】下选择 3 个照片缩览图。

❺ 然后，在第二个照片缩览图网格中单击灰色区域，请不要在照片缩览图画面上单击。

其结果与第 2 步的操作结果不一样。在第二个照片缩览图的网格中单击灰色区域（非照片缩览图画面）后，只有第二个照片缩览图处于选择状态，其他两个照片缩览图取消选择，如图 1-31 所示。

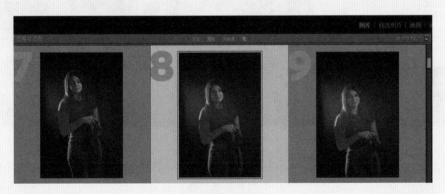

图 1-31

在胶片窗格中，也存在同样的现象。一言蔽之，当我们选择照片时，请尽量单击照片缩览图周围的灰色区域，而不要直接单击照片缩览图画面，这样你就不会遇到第 2 步中那个令人意外的操作结果了。

　　【图库】模块的工具栏中有一个【排序依据】，你可以使用它改变照片缩览图的排列顺序。默认设置下，照片缩览图的【排序依据】是【拍摄时间】。也就是说，照片缩览图是依据照片的拍摄时间排列的。我们可以修改【排序依据】，比如改成【添加顺序】【编辑时间】【编辑次数】【星级】【文件名】【长宽比】等。

1.4.3 重命名照片

在【图库】模块下,另外一个常做的处理就是对照片进行重命名(前提是导入照片时未做重命名处理)。给照片起一个有意义的名字有助于将来查找照片。

在【图库】模块的【元数据】面板中,你可以一张一张地给照片重命名(单击【文件名】,然后输入新名称),但这么做麻烦又费力。其实有一种更快捷的方法,我们把照片添加到 Lightroom 目录后,可按照如下步骤批量修改照片名称。

① 照片导入完成后,观察左侧的【目录】面板,确保【上一次导入】处于选中状态。

② 按快捷键 Command+A/Ctrl+A,或者在菜单栏中选择【编辑】>【全选】,如图 1-32 所示,选择所有照片。

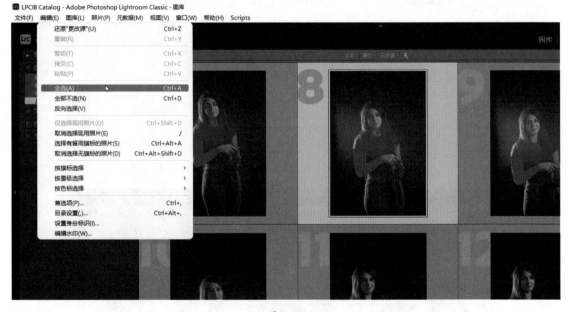

图 1-32

③ 在菜单栏中选择【图库】>【重命名照片】,弹出【重命名照片】对话框。在【重命名照片】对话框中,选择一种命名方案。建议选择【自定名称 - 序列编号】。该命名方案允许你在【自定文本】文本框中输入一些描述性的文字,比如某项活动名称或地点名称,Lightroom 会自动在自定名称后面添加序列编号。这里,我们在【自定文本】文本框中输入 20210929,如图 1-33 所示。

④ 在【起始编号】文本框中输入一个起始数字,默认是 1。在对话框底部,Lightroom 显示当前命名方案的示例,方便你检查所选命名方案是否符合你的要求。

⑤ 单击【确定】按钮,Lightroom 会立即开始对所选照片进行重命名。同时,在软件界面左上角出现一个进度条,指示当前重命名的进度。

⑥ 按快捷键 Command+D/Ctrl+D,或者在菜单栏中选择【编辑】>【全部不选】,取消选择所有照片。

图 1-33

💡 提示 当 Lightroom 在执行一些比较耗时的任务（比如为数千张照片重命名）时，你不必一直等待任务完成，其间你可以做别的事情。

现在，你已经熟练掌握把照片导入 Lightroom 中的方法。接下来，我们要学习一下如何从一大堆照片中选出好的照片，然后把它们集中放在一个地方。为此，我们需要学习如何在 Lightroom 中标记照片，以及如何把选好的照片放入相应的收藏夹中。因此，在第 2 课我们会介绍评片和选片的简单策略。

1.5 复习题

1. 如何从相机存储卡中选择部分照片复制到硬盘并添加到 Lightroom 目录中？
2. 当在【文件夹】面板中选择一个文件夹时，你会在【图库】模块中间预览区域中看到哪些预览图？
3. 在【图库】模块下，切换【网格视图】和【放大视图】时，常使用快捷键。这两个视图的快捷键分别是什么？
4. 在【图库】模块下，如何隐藏所有面板和工具栏，为预览区域留出最大空间？
5. 如何进入【背景光变暗】和【关闭背景光】模式？
6. 如何并排比较两张照片？
7. 批量重命名照片的简单方法是什么？

1.6 答案

1. 在【导入】窗口中，单击【取消全选】按钮。单击你想导入的第一张照片，然后按住 Shift 键，单击你想导入的最后一张照片，此时两张照片之间的所有照片都处于高亮状态，在处于高亮状态的照片中任选一张，勾选其左上角的复选框，把所有处于高亮状态下的照片选中，这样我们就选好了所有待导入的照片。
2. 当在【文件夹】面板中选择一个文件夹时，默认设置下，该文件夹及其子文件夹中的所有照片（或视频）都会在预览区域中显示出来。
3. 按 G 键，可快速切换到【网格视图】(缩览图大小的预览）下。按 E 键，可快速切换到【放大视图】(照片的较大视图）下。
4. 在【图库】模块下，按快捷键 Shift+Tab，可隐藏所有面板和工具栏。
5. 按一次 L 键，进入【背景光变暗】模式，再按一次 L 键，进入【关闭背景光】模式。
6. 按住 Command/Ctrl 键，单击两张照片，按 C 键，进入【比较视图】，按空格键，以 100% 缩放级别显示照片。然后，拖动鼠标，观看照片的不同区域。
7. 使用菜单栏中的【图库】>【重命名照片】命令，可以轻松地重命名一批照片。

使用 Lightroom 收藏夹组织照片

课程概览

本课我们一起学习如何在 Lightroom 中对照片进行分类整理，即把照片分成留用的（用于打印、分享、制作作品集）、排除的，以及待定的几个类别。首先，我们学习在 Lightroom 中使用旗标选片的工作流程，然后学习如何把选好的照片组织到不同的收藏夹中。最后，我们还要学习如何使用收藏夹集创建有层次的照片组织结构。

本课学习如下内容。

- 给照片添加星级。
- 依据旗标、色标等元数据筛选照片。
- 针对特定任务创建智能收藏夹。
- 指定目标收藏夹以快速组织照片。

学习本课大约需要 **1.5** 小时

在 Lightroom 中，使用【图库】模块可以轻松地评估和管理不断增长的照片目录。

2.1　课前准备

学习本课内容之前，请先做好如下一些准备工作。

请注意，如果你已经按照本书前言"创建 Lightroom 目录"中的说明，创建好了 LPCIB 文件夹和 LPCIB Catalog 目录文件，下载本课课程文件并放入 LPCIB\Lessons 文件夹中，请直接跳到第 3 步。

❶ 在计算机中创建一个名为 LPCIB 的文件夹，然后在其中创建 Lessons 文件夹，并把本课课程文件放入其中。

❷ 参考前言"创建 Lightroom 目录"中的说明，在 LPCIB 文件夹下创建 LPCIB Catalog.lrcat 目录文件（该文件位于 LPCIB\LPCIB Catalog 文件夹中）。

❸ 启动 Lightroom，在菜单栏中选择【文件】>【打开目录】，找到之前创建的 LPCIB Catalog 目录，将其打开。或者，在菜单栏中选择【文件】>【打开最近使用的目录】>【LPCIB Catalog.lrcat】，将其打开。

❹ 参考 1.3.3 小节中介绍的方法，把本课用到的照片导入 LPCIB Catalog 目录中。当 Lightroom 询问是否启用地址查询时，单击【启用】按钮。

2.2　迭代选片流程

照片导入完成后，接下来要做的就是选片，即把好照片和不好的照片分开，这样才能制定下一步编辑计划。选片过程虽然单调、乏味，却是 Lightroom 中最重要的步骤之一。

我曾经花费大量时间和世界各地的人探讨关于使用 Lightroom 的问题，感觉他们在使用 Lightroom 时最纠结的地方还是选片。为了解决这个问题，接下来我跟大家分享一下自己的选片流程。这是我多年前在高中执教时总结的一套选片流程，我将其称为"迭代选片流程"。

当你做一套有时间限制的测验题时，最好的策略是尽快完成测验，答完所有你有把握的题目。答题过程中，遇到不会答的题目就直接跳过。这样，我们可以把会的题目快速答完，留出更多时间来专攻那些不会的题，同时也可以从已经答完的题目中得到一些线索。

接下来，我们把这个策略应用到选片过程中。比如在一次拍摄活动中，你拍摄了 200 张照片，在这些照片中，有些照片很好，有些照片很差。差照片包括对焦不准的、人物眼睛闭着的、人物头部被遮挡的等。一方面，这些差照片我们一眼就能看出来，选片时能立马把它们排除掉，所以用不了多少时间。另一方面，我们在选择好照片时也不是在优中选优。只要一张照片的曝光准确、构图合理、主题明确，我们就认为它是一张好照片并把它选出来。至于好到什么程度，稍后我们可以用添加星级的办法来指明。

给照片加旗标

在【图库】模块左侧的【文件夹】面板中，单击 lesson01 文件夹。此时，在预览区域中，会显示出该文件夹中的所有照片，这些都是待挑选的照片。按快捷键 Shift+Tab，隐藏预览区域周围的所有面板。按两次 L 键，关闭背景光，只在屏幕上显示照片缩览图，如图 2-1 所示。关闭背景光后，照片缩览图以外的所有软件界面元素都隐藏了起来，有助于我们把注意力集中到选片上。

图 2-1

面对一张照片，我们有如下几种操作。如果你觉得照片值得保留，按 P 键将其标记为选取。如果你觉得照片不行，按 X 键将其标记为排除。

如果你不能立马确定某张照片是不是该保留，就直接按右箭头键跳过它，转到下一张。在这个过程中，一定要明确判断照片好坏的标准。而且，区分照片好坏的时间尽量不要超过一秒。本轮选片的目标是排除掉那些"一眼差"的照片。

当你向照片添加了一种旗标（选取或排除）后，若照片不往前走，请在菜单栏中选择【照片】>【自动前进】。如果你发现某张照片的旗标加错了，可以按左箭头键，返回到那一张照片，然后按 U 键，取消旗标。

本轮选片结束后，我们就把所有照片分成了 3 类：有明显问题的差照片（带有排除旗标）；待进一步分级的好照片（带有选取旗标）；尚未确定好坏的照片（无旗标）。预览区域上方有一个【图库过滤器】栏，借助它，我们可以轻松地把上面 3 类照片分别筛选出来。【图库过滤器】栏中包含如下 3 种筛选照片的模式。

- 【文本】模式：该模式允许你使用特定词语筛选照片。搜索目标可以是文件名、标题、题注或其他嵌入在照片中的元数据。
- 【属性】模式：该模式允许你依据旗标状态、星级、色标、虚拟副本类型等筛选照片，如图 2-2 所示。

图 2-2

- 【元数据】模式：该模式允许你使用不同元数据项（由 Lightroom 从照片中获取的）筛选照片。这是一种非常强大的过滤方式，但相关内容已经超出了本书的讨论范围，请各位读者自行了解和学习。

单击【属性】模式，然后在【旗标】中选择一种旗标状态（留用、无旗标、排除），此时预览区域中仅显示那些带有所选旗标状态的照片，如图 2-3 所示。请注意，过滤器图标不具有排他性，也就是说你可以同时选择多种过滤条件，并非只能选择一种。比如，在【属性】模式中，同时选择排除旗标和留用旗标，Lightroom 就会在预览区域中把带有排除旗标或留用旗标的照片都显示出来。

图 2-3

胶片窗格右上方也有类似的【过滤器】选项。若【过滤器】选项右侧未显示旗标图标，请从菜单中选择【留用】。胶片窗格左上角会显示当前所选文件夹或收藏夹中带有指定旗标的照片张数。

在把照片分成 3 类后，接下来最重要的事就是从头评估那些未加旗标的照片。在【图库过滤器】的【属性】模式下，在【旗标】中单击中间的图标，仅在预览区域中显示那些不带旗标的照片，如图 2-4 所示。按快捷键 Shift+Tab，隐藏所有面板，按两次 L 键，关闭背景光，然后重复上面的选片过程，直到预览区域中不再显示任何照片。

图 2-4

第二轮选片时，你会发现选片速度比第一轮快多了。这是因为经过前面一轮选片，我们已经对照片的整体情况有了清晰的了解，这时再去判断一张照片的去留就比较容易了。当你选完最后一张照片时，你会看到一个全黑的屏幕，这或许会让你感到不安。别怕！这时，只要按一下 L 键，打开背景光，然后按快捷键 Shift+Tab，重新显示出面板就行了。当前预览区域中空空如也，不显示任何照片，这是因为当前不带旗标的照片一张都没有了。在【旗标】中再次单击中间的图标，取消这个过滤条件，此时预览区域中显示出所有照片。到这里，整个选片工作就完成了。

2.3　什么是收藏夹

随着 Lightroom 图库变得越来越大，有时我们需要基于不同目的经常性地访问目录中的一些照片。在 Lightroom 出现之前，摄影师在分享自己的一些作品（比如一组肖像作品）时一般都会把这些照片复制到一个文件夹中。当有了其他不同的需求后，他们又会去创建相应文件夹把同一批照片再保存一次（副本）。每个文件夹面向不同的用途，但它们里面包含的其实都是同一批照片（副本）。随着这样的文件夹越来越多，跟踪照片副本变得越来越难，而且占用的磁盘空间也越来越多，最终导致这种解决方案变得不可行。此时，收藏夹就派上大用场了。

如果你购买过数字音乐，那你可以把照片看成歌，把 Lightroom 中的收藏夹看成照片的"播放列表"。当你购买一首歌后，就会拥有这首歌的一个物理副本，该副本会出现在你的播放列表中，你可以无限次地播放它。

【图库】模块左侧有一个【收藏夹】面板。单击面板标题栏右端的加号（+），在弹出的菜单中选择【创建收藏夹】（见图 2-5），然后在【创建收藏夹】对话框中给收藏夹起一个名字。创建好收藏夹后，接下来你就可以向其中添加照片了。不论照片在哪个文件夹中，你都可以把它们轻松地添加到收藏夹中。在 Lightroom 中，你可以根据需要添加任意数量的收藏夹来组织照片。

图 2-5

不论照片存储在哪里，比如计算机硬盘、外部存储器、网盘，只要你已经把照片导入了 Lightroom 目录中，你就可以把它们添加到任意一个收藏夹中。Lightroom 目录会记录照片的位置，并且允许在多个收藏夹中随意引用它们。收藏夹还是一种照片查看方式，它将原本分布在不同位置的照片集中组织在一起，方便我们查看，而且不需要修改文件夹，也不需要复制不同文件夹中的照片。在组织与整理照片时，我们几乎都会用到收藏夹。

为帮助大家理解与掌握收藏夹，下面将以我的女儿萨拜因（Sabine）和我的妻子詹妮弗（Jennifer）的照片为例，讲一讲如何在 Lightroom 中创建与使用收藏夹。

2.3.1　基于照片文件夹创建收藏夹

下面我们创建一些收藏夹，把本课导入的照片添加到其中。

❶ 在【图库】模块的【文件夹】面板中，单击 lesson02 文件夹左侧的小三角形，将其展开。lesson02 文件夹中包含一系列子文件夹，接下来我们将基于这些文件夹创建收藏夹。

❷ 任意找一个名称中包含"sabine"的文件夹，使用鼠标右键单击该文件夹，在弹出的快捷菜单中，选择【创建收藏夹"文件夹名称"】，如图 2-6 所示。

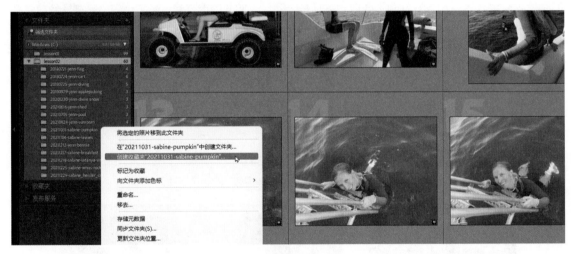

图 2-6

❸ 重复这个过程，找出所有名称中包含单词"sabine"的文件夹，然后分别为它们创建收藏夹。创建完成后，在【收藏夹】面板中应该能够看到刚刚创建好的 6 个收藏夹。

❹ 按快捷键 Command+D/Ctrl+D，取消选择所有照片。单击【收藏夹】面板标题栏右端的加号（＋），在弹出的菜单中选择【创建收藏夹】，创建如下两个收藏夹：Best Holiday Moments 与 Cute Sabine Pictures，如图 2-7 所示。

❺ 收藏夹名称和文件夹名称完全一样，收藏夹看起来似乎只是对文件夹的一种复制，其实不然，收藏夹真正强大的地方有如下几点。首先，选择某个收藏夹后，其中包含的所有照片会在预览区域中显示出来，你可以随意拖动预览区域中的照片，按照你喜欢的方式排列它们。其次，你可以从名称中包含"sabine"字样的各个收藏夹把照片添加到 Best Holiday Moments 或 Cute Sabine Pictures 收藏夹中。不论照片存储在什么地方、什么文件夹中，只需简单地拖动鼠标，就可以把它们轻松地添加到一个收藏夹中，而之后 Lightroom 目录照样

图 2-7

能正常引用照片的文件。

　　单击 20211031-sabine-pumpkin 收藏夹中的第一张照片，然后将其分别拖入 Best Holiday Moments 与 Cute Sabine Pictures 收藏夹中，如图 2-8 所示。

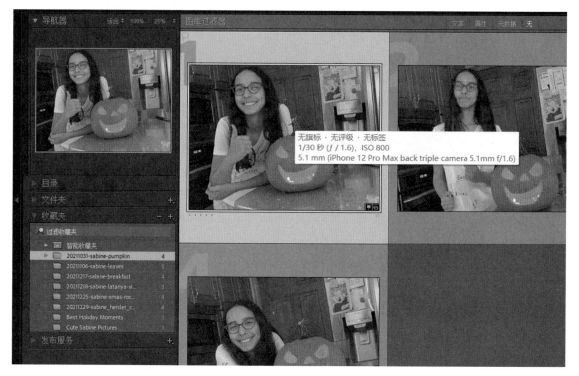

图 2-8

❻ 这里，我们先简单调整一下照片，有关照片调整的更多内容会在本书后面课程中讲解。在【图库】模块下，打开右侧的【快速修改照片】面板，其中包含一个【色调控制】区域。在【曝光度】控制区域下，单击 3 次左双箭头。此时，第 1 张照片的曝光度降低了 3 挡，画面明显暗了下来，如图 2-9 所示。你可以在当前收藏夹的预览区域中立马看到照片画面的变化。

图 2-9

　　其他两个收藏夹中的这张照片也发生了同样的变化，即曝光度降低了 3 挡，画面也暗了下来，如图 2-10 所示。我们不用记住照片实际存储在哪里，Lightroom 会自动把调整应用到同一张照片的所有实例上。

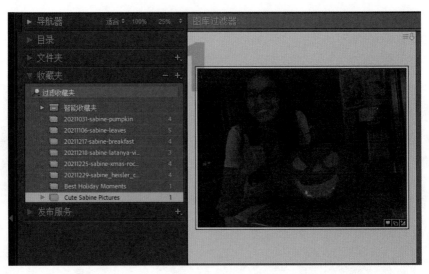

图 2-10

学习下一小节内容之前，我们先为 lesson02 文件夹下的其余文件夹（名称中包含"jenn"字样的文件夹）创建收藏夹。创建完成后，当前【收藏夹】面板中总共应该有 17 个收藏夹（不包括智能收藏夹）。

2.3.2　创建收藏夹集

当前【收藏夹】面板中有 17 个收藏夹，列表有一点长，查找起来不太方便。仅名称中包含"sabine"字样的收藏夹就有不少，随着收藏夹数量的增加，查找某个收藏夹（比如包含工作照片的收藏夹、包含家人照片的收藏夹）开始变得困难。为了解决这个问题，我们可以根据多个收藏夹的共同元素（比如 17 个收藏夹中有 6 个收藏夹都有我的女儿萨拜因）把它们进一步划分到不同集合（收藏夹集）中。

❶ 单击【收藏夹】面板标题栏右端的加号（+），在弹出的菜单中选择【创建收藏夹集】，如图 2-11 所示。在【创建收藏夹集】对话框中，输入名称"Sabine Images"，确保【位置】区域下的【在收藏夹集内部】处于非勾选状态，如图 2-12 所示。创建好收藏夹集后，把所有名称中包含"sabine"字样的收藏夹拖入 Sabine Images 收藏夹集中，如图 2-13 所示。

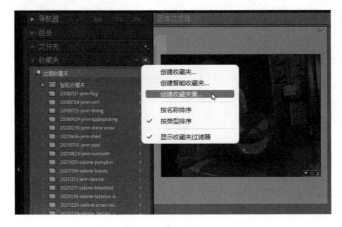

图 2-11

图 2-12

此时,【收藏夹】面板看起来没之前那么乱了,变得清爽、有条理多了。当你希望查看所有名称中包含"sabine"字样的收藏夹中的照片时,只需单击 Sabine Images 收藏夹集就可以实现。如果希望查看某一个收藏夹中的照片,直接单击相应收藏夹即可。

图 2-13

❷ 接下来,我们把所有名称中包含"jenn"字样的收藏夹放入一个收藏夹集中。创建一个名为 Jenn Images 的收藏夹集,注意不要勾选【在收藏夹集内部】。然后,把所有名称中包含"jenn"字样的收藏夹拖入 Jenn Images 收藏夹集中,如图 2-14 所示。此时,【收藏夹】面板变得更加清爽、有条理了。

图 2-14

❸ 其实,我们可以沿用这种方式继续组织下去。收藏夹集中不仅可以放收藏夹,还可以放其他收藏夹集。也就是说,收藏夹集是允许嵌套的。看一看【收藏夹】面板中的收藏夹,这些收藏夹或收

藏夹集之间有没有什么共同点呢？很显然，詹妮弗和萨拜因都是我的家人。因此，我可以在【收藏夹】面板中创建一个名为 Family Images 的收藏夹集，然后把 Sabine Images 与 Jenn Images 两个收藏夹集放入其中，如图 2-15 所示。

图 2-15

当我想查看所有家人的照片时，只需单击 Family Images 收藏夹集即可。如果我想查看妻子詹妮弗的照片，只需单击 Jenn Images 收藏夹集即可。同样，如果我想查看女儿萨拜因的照片，只需单击 Sabine Images 收藏夹集即可。如果我想继续查看某个家人的某个具体活动的照片，只需在该家人的收藏夹集中找到相应的活动收藏夹，然后单击它即可。对此，我们可用一句话概括：万物聚于一堂，又各得其所（此处的"万物"指的是照片）。

2.3.3　一些个人建议

经过前面的学习，我们发现收藏夹有点类似于某种照片视图，借助它我们可以把目录中的某些照片集中在一起查看，而收藏夹集则用来组织这些视图。下面举个例子说明一下。

假设我是一个人像摄影师，有一天我收到了朋友拉坦娅·亨利（Latanya Henry）的邀请，为她拍摄了一些照片。拍摄结束后，我打算把照片分成若干组，比如精选照片、被舍弃的照片、待编辑的照片、制作幻灯片的照片等。如果我为每一组照片分别创建一个收藏夹，那么当我再次为拉坦娅拍摄照片时，会发生什么呢？我只能再创建一些重名的收藏夹，并在各个收藏夹名称末尾添加一个编号以进行区分，比如"Latanya Picked Images Number 2"。这会使【收藏夹】面板变得乱七八糟。

那么，我专门为拉坦娅·亨利创建一个收藏夹集（Latanya Henry）会怎么样呢？在导入第一次拍摄的照片时，我可以在 Latanya Henry 这个大收藏夹集中专门为第一次拍摄活动创建一个收藏夹集（Shoot 1 - Tampa Studio）来存放照片的不同分组，如图 2-16 所示。

图 2-16

然后，根据照片的不同用途，我在 Shoot 1 - Tampa Studio 收藏夹集下再创建多个收藏夹，最后把第一次拍摄的照片分组，分别放入相应的收藏夹中。当我第二次拍摄拉坦娅时，我也会在 Latanya Henry 收藏夹集中为第二次拍摄专门创建一个收藏夹集，然后重复上面步骤。这么做不仅能让你快速找到想找的照片，还能让你根据新用途（比如制作相册、制作幻灯片）把所需要的照片快速分离出来。

你可以针对每一种用途分别创建一个对应的收藏夹。

下面给拍摄不同内容的摄影师提一些组织照片的建议，供你们参考，如图 2-17、图 2-18 和图 2-19 所示。如果你是一名婚礼摄影师，可以先创建一个大的收藏夹集，专门用来组织婚礼照片，然后在其中再为每一对新人创建一个收藏夹集，专门组织他们的婚礼照片。在每一对新人的收藏夹集中，你可以再创建两个收藏夹集（Production 与 Finals），把制作中的照片（来自不同相机）与已完成的照片分开。然后根据需要在各个收藏夹集下分别创建一些收藏夹，组织不同用途的照片。

如果你是一名商业摄影师，经常一拍就是好几天，那么你可以先为整个拍摄工作创建一个收藏夹集，然后在其中为拍摄的每一天创建一个收藏夹集，再把最好的照片放入一个"best of"收藏夹中。如果你是一名风光摄影师，那么在组织照片时，你可以采用类似商业摄影师的组织方式，但在命名各个收藏夹集时，最好使用不同的地点名。

图 2-17

图 2-18

图 2-19

请注意，上面这些组织照片的方法是我的个人经验总结，在此列出仅供大家参考，没有强制大家遵守的意思，大家尽可以自己去摸索一套适合自己的照片组织方式。这些都不是重点，重点是你要专门拿出一些时间来计划一下如何使用收藏夹和收藏夹集来组织你的 Lightroom 目录。而且，一旦你这么做了，就要坚持下去。刚开始可能会有点费劲，但随着你的目录越来越大，你会发现这么做是非常值得的。

2.3.4　什么是智能收藏夹

在 Lightroom 中，我们可以基于预定义的条件来创建收藏夹，这样的收藏夹称为"智能收藏夹"。单击【收藏夹】面板标题栏右端的加号（+），在弹出的菜单中选择【创建智能收藏夹】，如图 2-20 所示。

在【创建智能收藏夹】对话框中，你可以设置一

图 2-20

些条件，让 Lightroom 自动帮你把满足条件的照片添加到智能收藏夹中。在【匹配】区域下，列出了

一条条规则，每条规则由 3 栏组成，其中左栏显示的是你选的条件，中间栏显示的是比较方式，右栏显示的是各个条件的具体标准。单击规则区域右上角的加号（＋），添加一个条件（你可以根据需要添加任意条件）。

创建好一个智能收藏夹后，你可以在【收藏夹】面板中看到它，其中包含所有符合条件的照片。当你在目录中为照片添加或移除标记时，智能收藏夹中的照片数量也会自动跟着增加或减少。

这里，我创建了一个名为 Rejected Images 的智能收藏夹，用来跟踪那些带有排除旗标的照片，如图 2-21 所示。当我给一张照片打上排除旗标时，不论这张照片位于何处，Lightroom 都会自动把它添加到 Rejected Images 智能收藏夹中。

图 2-21

创建智能收藏夹时，我建议你在【创建智能收藏夹】对话框的【匹配】区域下好好看一下左栏中都有哪些条件。如果左栏中有大量条件可供选择，那么你可以自由地选用这些条件来整理你的照片。

2.3.5 什么是快捷收藏夹

在使用 Lightroom 的过程中，有时你希望将照片临时放入一个分组中，同时又不想创建任何收藏夹。此时，你可以使用快捷收藏夹，这样就省去了创建、删除收藏夹，以及移动和导出照片的麻烦。

图 2-22

快捷收藏夹并不显示在【收藏夹】面板中，在【目录】面板中单击【快捷收藏夹】，或者直接按快捷键 Command+B/Ctrl+B，才可以访问它，如图 2-22 所示。

在【图库】模块下，选择一张照片并按 B 键，可将其添加到快捷收藏夹中。在【网格视图】下，把鼠标指针移动到某张照片缩览图上，单击照片缩览图右上角的圆圈，此时圆圈出现灰色填充，表示 Lightroom 已经把它添加到了快捷收藏夹中。

2.3.6 什么是目标收藏夹

在 Lightroom 中，名称后面带加号（＋）的收藏夹是目标收藏夹。默认设置下，快捷收藏夹就是目标收藏夹，在其名称后面可以看到有一个加号。其实，我们可以把一个普通收藏夹指定为目标收藏夹，具体操作是：使用鼠标右键单击某个收藏夹，在弹出的快捷菜单中选择【设为目标收藏夹】，如图 2-23 所示。此时，在你单击的收藏夹名称后面会出现一个加号（＋）。从现在开始，每次按 B 键，Lightroom 都会把所选的照片添加到你指定的目标收藏夹中，而不再添加到快捷收藏夹中。使用鼠标右键单击目标收藏夹，然后在弹出的快捷菜单中再次选择【设为目标收藏夹】，可撤销目标收藏夹。此时，快捷收藏夹再次变为目标收藏夹，按 B 键，Lightroom 会把你选择的照片添加到快捷收藏夹中。

图 2-23

2.4　添加星级和色标

在 Lightroom 中，给照片评级是非常简单的。选择一张照片，然后按数字键 1 ~ 5，可分别给照片添加相应的星级（1 星~ 5 星）。选择某张已添加星级的照片，然后按数字键 0，可移除照片上的星级。

此外，按数字键 6 ~ 9，可分别给照片添加红色、黄色、绿色和蓝色色标，如图 2-24 所示。除了上面 4 种色标，还有一种紫色色标，它只能通过【照片】>【设置色标】添加。选择某张已经添加某种色标的照片，再次按相应的数字键，可移除色标。

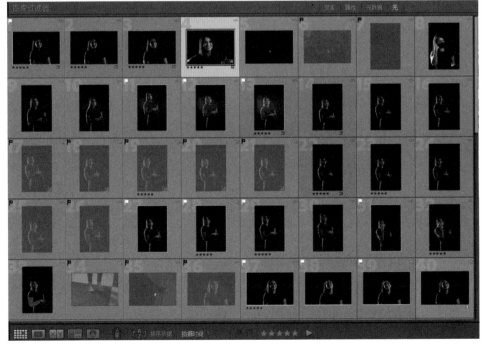

图 2-24

在学会如何添加星级和色标后，我们聊一聊该怎么使用它们。在给照片加上留用和排除旗标后，我们可以使用星级对留下来的照片做进一步分级，比如把照片分成"好""更好""最好"几个级别。

此外，我们还可以根据用途使用不同的星级来标记照片，代表它们分别有不同用途，或者使用星级对照片进行分类。比如，给用于作品集中的照片打5星，而给用于幻灯片演示中的照片打4星。或者，在婚礼拍摄中，给在新郎家拍摄的照片打3星，而给在新娘家拍摄的照片打2星。

我喜欢使用色标来对照片做一定的分类，比如把照片分成需要在Photoshop中做进一步处理的照片、准备打印的照片，以及最终编辑好的照片等。对于那些需要在Photoshop中做进一步处理的照片，我一般都会给它们加上红色色标；那些带有绿色色标的照片则是为打印做好准备的照片；而带有紫色色标的照片是最终编辑好的照片，这些照片无须再做任何处理。我习惯给最终编辑好的照片添加紫色色标，因为紫色色标不是用数字键添加的，所以可以防止误操作。此外，在【网格视图】下给照片添加色标后，照片的辨识度增加，方便查找我们要处理的照片。

2.5 添加关键字

给照片添加关键字是在Lightroom目录中按主题查找照片的一种非常有效的方法。关键字类似于搜索引擎中的搜索词，使用搜索引擎查找某些内容时，我们一般都需要输入相应的搜索词。【关键字列表】面板顶部有一个搜索框，可在其中输入关键字。关键字不会占用太多空间，它们就是一些添加到照片元数据中的文本而已，因此你可以向一张照片中添加任意关键字。

为了最大限度地发挥关键字的作用，请添加能够描述主题的关键字，如"潜水""浮潜""水下""自由潜水"等。请不要添加一些照片名称中包含的关键字，因为Lightroom搜索功能本身就覆盖了文件名称。

在不断使用Lightroom的过程中，你可以建立一套专属于自己的关键字。先按照如下步骤向照片添加一些关键字。

❶ 在【图库】模块下，前往【收藏夹】面板中，单击20180725-jenn-diving收藏夹，将其选中。接下来，我们向这个收藏夹中的照片添加一些关键字。

❷ 在【网格视图】下，从收藏夹中选择一些照片（单击你想选择的第一张照片，按住Shift键，再单击你想选择的最后一张照片，此时两张照片之间的所有照片都会被选中）。

> 💡 提示　在【关键字列表】面板中，选择某个现有关键字，然后单击标题栏中的加号（+），添加另外一个关键字，两个关键字之间形成嵌套关系（父子关系）。在【关键字列表】面板中，单击关键字左侧的三角形，可展开关键字的层次结构，查看其下的关键字。

❸ 在右侧的【关键字列表】面板中，单击该面板标题栏左端的加号（+），如图2-25所示。在【创建关键字标记】对话框中，在【关键字名称】中输入Botella，然后在【同义词】中输入Snorkeling、Underwater、Whale（多个同义词之间用英文逗号分隔），接着在【创建选项】中勾选【添加到选定的照片】，在【关键字标记选项】中勾选前3个选项，最后单击【创建】按钮，如图2-26所示。

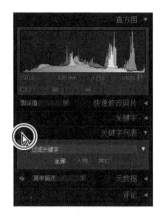

图 2-25 　　　　　　　　　　　　　　　　　　图 2-26

此时，关键字"Botella"出现在【关键字列表】面板中，同时 Lightroom 将其添加到所选照片上。其实，这样的通用关键字可以作为一个类别使用，还可以嵌入其他更具体的关键字，如 freedive（自由潜水）、scuba（水肺潜水）。

④ 选择最后 4 张照片，重复第 3 步，创建关键字 Snorkeling，并将其添加到所选照片上。

⑤ 在【关键字列表】面板中，每个关键字右侧都有一个数字，代表整个目录中添加该关键字的照片数量，如图 2-27 所示。单击数字右侧的箭头，此时预览区域中只显示目录中带有该关键字的照片。

图 2-27

单击数字右侧的箭头时，Lightroom 会自动把源切换成【所有照片】，你可以在【目录】面板中看到这一点。在一张照片上添加关键字后，照片缩览图的右下角就会显示出一个小标签。

其他一些添加与删除关键字的方法

除了上面介绍的方法，添加和删除关键字还有如下一些方法。

* 在预览区域中，选择一张或多张照片缩览图，然后把【关键字列表】面板中的关键字直接拖动到所选照片缩览图上。

* 在预览区域中，选择一张或多张照片缩览图，然后把它们拖动到【关键字列表】面板中的某个关键字上。

* 在预览区域中，选择一张或多张照片缩览图，在【关键字列表】面板中，勾选某个关键字左侧的复选框。若取消勾选某个关键字左侧的复选框，可把该关键字从所选照片上移除。

- 使用【关键字】面板，该面板位于【关键字列表】面板之上。在【关键字】面板中，创建关键字和添加关键字可以同时进行。先在预览区域选择一些照片，然后在【关键字】面板中，单击显示有"单击此处添加关键字"的文本框，输入一个关键字。在【关键字】面板中，你可以同时创建多个关键字，并把它们添加到所选照片上，多个关键字之间用英文逗号分隔。例如，你可以在文本框中输入"Dune,Desert"，然后按 Return/Enter 键，创建两个关键字，同时把它们添加到所选照片上。

当你想从列表中删除某个关键字时，请使用【关键字列表】面板（非【关键字】面板）。在【关键字列表】面板中，单击要删除的关键字，然后单击该面板标题栏左端的减号（－）。在弹出的【确认】对话框中，单击【删除】按钮即可。

或者，使用鼠标右键单击关键字，然后在弹出的快捷菜单中选择【删除】。在弹出的【确认】对话框中，单击【删除】按钮即可。事实上，快捷菜单中提供了多个用于管理关键字的命令，如【编辑关键字标记】【从选定的照片中移去此关键字】【删除】等。

不论使用哪种方法，Lightroom 都会把关键字从关键字列表中移除，同时会将其从所有添加了该关键字的照片中移除。

2.6 复习题

1. 评估和挑选最近导入的照片时，最简单的方法是什么？
2. 请说出使用收藏夹的 3 个好处。
3. 什么是智能收藏夹？
4. 什么是快捷收藏夹？
5. 如何给一张照片添加 5 星评级？
6. 如何在【关键字列表】面板中创建关键字？

2.7 答案

1. 给照片添加留用和排除旗标。
2. 第一，在收藏夹中，你可以随意拖动照片，重排它们的顺序。第二，你可以把一张照片添加到任意多个收藏夹中，而无须重新复制照片（节省磁盘空间）。第三，当你对某张照片做出修改后，该照片在每个收藏夹中的实例都会同步发生改变。
3. 智能收藏夹是一种"自填式"收藏夹，Lightroom 会根据你设定的条件自动地向其中添加符合条件的照片。
4. 快捷收藏夹是一种临时的收藏夹，它位于【目录】面板中。
5. 按数字键 5。
6. 在【关键字列表】面板中，单击该面板标题栏左端的加号（＋）。

第 3 课

在 Lightroom 中使用【修改照片】模块做全局调整

课程概览

　　Lightroom 擅长调整照片的色调和颜色。调整色调时，需要用到【修改照片】模块下的【基本】面板，其中包含【曝光度】【对比度】【高光】【阴影】【白色色阶】【黑色色阶】这几个滑块。在本课中，我们会把色调调整应用到整张照片上，即对照片做全局调整。

　　本课学习如下内容。

- 学会使用【修改照片】模块。
- 撤销做过的调整。
- 使用相机配置文件重建相机色调或添加艺术效果。
- 掌握调整色调与颜色的典型工作流程。
- 降噪与锐化。
- 把对一张照片的调整同步到多张照片。
- 把修改照片的设置保存为默认值并创建预设。

学习本课需要 **1~2** 小时

Lightroom【修改照片】模块下的控件简单易用，用来调整照片构图、色调和颜色，使照片呈现出更好的内容。

3.1 课前准备

学习本课内容之前，请先做好如下一些准备工作。

请注意，如果你已经按照本书前言"创建 Lightroom 目录"中的说明，创建好了 LPCIB 文件夹和 LPCIB Catalog 目录文件，下载本课课程文件并放入 LPCIB\Lessons 文件夹中，请直接跳到第 3 步。

❶ 在计算机中创建一个名为 LPCIB 的文件夹，然后在其中创建 Lessons 文件夹，并把本课课程文件放入其中。

❷ 参考前言"创建 Lightroom 目录"中的说明，在 LPCIB 文件夹下创建 LPCIB Catalog.lrcat 目录文件（该文件位于 LPCIB\LPCIB Catalog 文件夹中）。

❸ 启动 Lightroom，在菜单栏中选择【文件】>【打开目录】，找到之前创建的 LPCIB Catalog 目录，将其打开。或者，在菜单栏中选择【文件】>【打开最近使用的目录】>【LPCIB Catalog.lrcat】，将其打开。

❹ 参考 1.3.3 小节中介绍的方法，把本课用到的照片导入 LPCIB Catalog 目录中。

❺ 在【图库】模块的【文件夹】面板中，选择 lesson03 文件夹。

❻ 新建一个名为 Develop Module Practice 的收藏夹，然后把 lesson03 文件夹中的照片添加到其中。

❼ 在预览区域下方的工具栏中，把【排序依据】设置为【文件名】，如图 3-1 所示。

图 3-1

到这里，本课要用的照片就准备好了。接下来，我们学习如何使用【修改照片】模块对照片做全局调整。

3.2 使用【修改照片】模块

在外观与使用上，【修改照片】模块与【图库】模块有点类似。在工作界面右上角，单击【修改照片】，或者直接按 D 键，即可进入【修改照片】模块。在【修改照片】模块下，左右两侧分别有一列面板组。工具栏和胶片窗格位于工作界面底部；在胶片窗格中，单击某张照片，预览区域中会显示该照片，如图 3-2 所示。类似于【图库】模块，在【修改照片】模块下，你也可以轻松地展开、折叠、隐藏面板，相关内容请参考 1.4.1 小节。

参考视图 修改前/修改后 单击访问其他照片源
　　　　　视图

图 3-2

本课中我们会详细介绍每一个面板，左侧的面板主要用来预览照片、应用预设、保存快照，以及撤销对照片的修改等。右侧的面板主要用来向照片应用全局调整和局部调整，在调整照片时，大部分时间我们都在使用这些面板。工具栏位于预览区域之下，包含切换修改前 / 修改后视图、参考视图等，工具栏右端还有一个菜单，用来开关视图模式和添加一些控件，如缩放、旗标等。在底部的胶片窗格中，我们可以通过单击来选择要处理的照片。

在胶片窗格中，可以同时选中多张照片，但是预览区域中只显示处于"主选择"状态的照片（相关内容请阅读第 1 课中的"选择照片缩览图的技巧"）。在【修改照片】模块中调整照片时，按反斜杠键（\），可在照片的修改前与修改后两种状态之间切换。

> 💡 提示　在【修改照片】模块下，最好开启【单独模式】，这样整个面板组中一次就只能展开一个面板，不会出现因同时展开多个面板而不得不滚动面板的问题。使用鼠标右键单击任意一个面板的标题栏，然后在弹出的快捷菜单中选择【单独模式】，即可开启【单独模式】。

> 💡 提示　不论当前处在哪个模块下，按 T 键都可显示或隐藏工具栏。

提示 【修改照片】模块下有一个【参考视图】，在该视图下，可以在预览区域中指定一张参考照片，将其用作调整某张照片时的参考。

提示 在胶片窗格顶部，单击照片名称右侧的三角形，然后在弹出的菜单中选择另外一个照片源，可在不切换至【图库】模块的前提下访问其他照片。

3.3 修改照片

提示 每个面板的左上角都有一个灰色开关，用来决定你在该面板中的调整是否要作用到照片上。当你希望查看某个面板中的调整对照片的影响时，使用这个灰色开关会非常方便。双击某个滑块左侧的文字标签，可以把该滑块重置为默认值。【基本】面板左上角没有灰色开关，但你可以按反斜杠键（\）来查看修改前和修改后的照片画面。

　　相比于其他格式的照片，当处理以 Raw 格式拍摄的照片时，在恢复画面细节、纠正照片色调和颜色、改善照片外观方面我们拥有更多的调整空间。不同于 Photoshop，在 Lightroom 中所做的编辑都是非破坏性的（参见前言中的"Lightroom 与 Photoshop 的区别"），照片调整顺序没有硬性规定，即你可以按照任何顺序调整照片。一般来说，我们都是先对照片做全局调整，然后再做局部调整。

　　在使用面板调整照片时，你可以采用自上而下的顺序使用各个面板，即先使用【基本】面板，再依次向下使用其他面板。当然，在调整一张照片时，并非一定要把所有面板都用一遍。在【修改照片】模块下修改照片，到底要使用哪些面板在很大程度上取决于你面对的问题是什么，以及你想得到什么样的效果。

3.3.1 什么是相机配置文件

　　当使用 JPEG 格式拍摄照片时，相机会自动向拍摄的照片应用颜色、对比度、锐化等效果。当使用 Raw 格式拍摄照片时，相机会在照片文件中记录下所有原始数据，同时还会创建一个小尺寸的 JPEG 预览图（包含所有颜色、对比度、锐化等效果），供你在相机屏幕上查看照片内容。

　　当我们把一张 Raw 格式的照片导入 Lightroom 时，Lightroom 会把该照片的 JPEG 预览图作为缩览图显示出来。与此同时，Lightroom 会把原始数据渲染成像素（这个过程叫"去马赛克"），以供我们在屏幕上查看和处理照片。在这个过程中，Lightroom 会查看照片的元数据（白平衡以及相机颜色菜单中的设置数据），并尽其所能地进行解释。

　　但是，有些相机的专用设置 Lightroom 无法解释，导致你在 Lightroom 中看到的照片预览图与在相机屏幕上看到的 JPEG 预览图不太一样。因此，你会经常发现照片在导入期间或导入之后，其预览图的颜色会发生一定变化。

　　这种颜色的变化让许多摄影师懊恼不已。为了解决这个问题，Lightroom 开发者们加入了相机配置文件，这些相机配置文件其实是一些预设，用来模拟相机 JPEG 格式的照片中的设置。虽然不是完全一样，但是使用它们可以让照片预览图与你在相机屏幕上看到的最接近。以前，这些相机配置文件都存在于【相机校准】面板中。

随着时间的推移，越来越多的摄影师开始使用它们，有些摄影师还专门为一些艺术效果创建了相机配置文件。为了满足色彩保真和艺术表现的需求，摄影师们经常需要添加相机配置文件，Adobe 公司意识到了这一点，为方便使用，就把相机配置文件放到了【基本】面板中。

3.3.2　使用相机配置文件

把相机配置文件移动到【基本】面板靠近顶部的位置，大大拓展了摄影师在自己的工作流程中使用它们的方式。Lightroom 提供了如下 3 类相机配置文件供摄影师们使用。

- Adobe Raw 配置文件：这些配置文件不依赖于具体的相机，旨在为摄影师拍摄的照片提供一致的外观和感觉。
- Camera Matching 配置文件：这些配置文件用来模拟相机内置的配置文件，不同相机厂商的配置文件不一样。
- 创意配置文件：这些配置文件是专门为艺术表现而创建的，它使 Lightroom 拥有了使用 3D LUTs 获得更多着色效果的能力。

了解完这些配置文件的功能之后，接下来，我们会花些时间一起学习一下如何使用它们。在 Develop Module Practice 收藏夹中，选择第一张照片，按 D 键进入【修改照片】模块。为了便于观察应用效果，请关闭左侧面板组和胶片窗格。

> 💡 **注意**　颜色查找表（Look-Up Table，LUT）是重新映射或转换照片颜色的表格。LUT 最初用在视频领域中，用来使不同来源的素材拥有一致的外观。随着 Photoshop 用户开始使用它们为图像上色（作为一种效果），LUT 逐渐流行起来。这些效果有时被称为"电影色"。在 Lightroom 的【颜色分级】面板中，你可以创建自己的效果。

【配置文件】位于【基本】面板左侧，里面列出了一些 Adobe Raw 配置文件（仅在处理 Raw 文件时才显示），用于模拟相机设置，如图 3-3 所示。【配置文件浏览器】（图标是 4 个矩形）位于【基本】面板右侧，在其中可以找到各种配置文件，包括 Adobe Raw 配置文件。

图 3-3

Adobe 公司首席产品经理乔希·哈夫特尔（Josh Haftel）发布了一篇博文来解释这些配置文件，具体如下。

【Adobe 单色】经过精心调校，制作黑白照片时最好先应用一下它，然后再做进一步调整。相比于在【Adobe 标准】下把照片转换成黑白照片，应用【Adobe 单色】能够产生更好的色调分离和对比度。

【Adobe 人像】针对所有肤色做了优化，它能更好地控制和还原肤色，而且对肤色应用的对比度和饱和度较小，可以更精确、更自由地控制关键人像。

【Adobe 风景】专为风景照片打造，能够把天空、树叶等表现得更鲜艳、更漂亮。

【Adobe 非彩色】（目前被【Adobe 标准】所取代）有非常低的对比度。当你希望能最大限度地控制照片影调，或者处理色调范围很不理想的照片时，建议使用它。

【Adobe 鲜艳】能明显地提升饱和度。如果你希望照片画面鲜艳、色彩强烈，不妨试它。

虽然 Adobe 公司把 Adobe Raw 配置文件做得很好，但还是有许多摄影师更喜欢使用 Camera Matching 配置文件。想要查看 Camera Matching 配置文件，请单击【配置文件浏览器】图标，如图 3-4 所示。

图 3-4

在【配置文件浏览器】面板中，你可以找到 Adobe 公司制作的所有配置文件。在【配置文件浏览器】面板顶部是 Adobe Raw 配置文件，前面我们已经介绍过。Camera Matching 配置文件包含针对特定相机的配置文件，不同相机类型有不同的配置文件数量。

在【配置文件浏览器】面板的底部是创意配置文件，包含如下几类：黑白、老式、现代、艺术效果。展开其中任意一类，你会看到一系列的照片缩览图，用来展示每种配置文件应用到照片上的效果，如图 3-5 所示。

图 3-5

这里强烈建议你亲自动手试一试每种配置文件，看看它们都能产生什么样的效果。使用 Camera Matching 配置文件，可以一键获得类似在相机屏幕中看到的效果；而使用创意配置文件，你可以把自己的一些想法融入照片之中。此外，还有一个功能我很喜欢。当你选择一种创意配置文件时，Lightroom 就会在【配置文件浏览器】面板顶部显示一个【数量】滑动条，拖动滑块，可以控制效果的强弱。当选好一个配置文件后，单击【配置文件浏览器】面板右上角的【关闭】按钮，返回【基本】面板中。

3.3.3　调整照片的白平衡

白平衡是指照片中光线的颜色。不同的光线（如荧光灯、白炽灯、阴天等）让照片画面有不同的颜色偏向。所谓调整照片的白平衡，是指调整照片的色温和色调，通过调整两者，把照片颜色调成你想要的样子。当然，我们也可以使用【白平衡】来调整照片的白平衡，如图 3-6 所示。如果照片是用 Raw 格式拍的，那么你可以在【白平衡】中看到更多的选项，这些选项通常也存在于相机中（但使用 JPEG 格式拍摄的照片没有这些选项）。然后根据照片拍摄现场的光线，选择一种合适的白平衡预设。当然，你也可以通过调整【色温】和【色调】来手动调整照片的白平衡。

图 3-6

💡注意　对于使用 Raw 格式拍摄的照片，在设置照片的白平衡时，你可以在【白平衡】中找到多个白平衡预设，但是设置照片白平衡更快的方法是使用【白平衡选择器】。当使用 JPEG 格式拍摄照片时，相机会把白平衡应用到照片上，所以白平衡菜单中可用的预设并不多。

如果你对【白平衡】中的所有预设都不满意，那么可以使用【白平衡选择器】（吸管图标）或者按 W 键手动设置白平衡。然后，移动鼠标指针到照片上，找一块中性色区域（比如浅灰或中灰）并单击。

这里，我单击了我的朋友 Brian（布莱恩）右侧的咖啡机（见图 3-7 中的红色圆圈处）。此时，

Lightroom 会自动调整照片的色温和色调。如果对调整结果不满意，那么请尝试单击另外一块中性色区域；如果对照片的白平衡调整结果还是不满意，那么可以使用【色温】和【色调】滑块不断对照片中的光线颜色进行微调，直到满意。像这样，简单的操作就去掉了画面中的绿色色偏，Lightroom 用起来真是太方便了。

图 3-7

3.3.4　调整曝光度和对比度

曝光度由相机传感器捕获的光线量决定，用 f 值（描述相机镜头的进光量）表示。事实上，【曝光度】滑块模拟的就是相机的曝光挡数：把【曝光度】设置为 +1.0，表示曝光比相机测定的曝光挡数多 1 挡。在 Lightroom 中，【曝光度】滑块影响的是照片中间调的亮度（就人像来说，指的是皮肤色调）。向右拖动【曝光度】滑块，增加照片中间调的亮度；向左拖动，降低中间调的亮度。这一点可以从画面的变化看出来，向右拖动【曝光度】滑块，照片画面变亮；向左拖动【曝光度】滑块，照片画面变暗。

💡 **提示**　不管滑块在调整面板的什么地方，如果你希望 Lightroom 自动调整它，那么按住 Shift 键，然后双击滑块即可。例如，当你选择手动设置曝光度和对比度而不使用【自动】按钮时，以上功能在设置对比度时会特别有用，因为对比度很难调好。

在右上角的【直方图】面板中，把鼠标指针移动到直方图的中间区域，受【曝光度】滑块影响的区域会呈亮灰色，同时直方图的左下角出现"曝光度"3 个字，如图 3-8 所示。

【对比度】用来调整照片中最暗区域与最亮区域的亮度差。向右拖动【对比度】滑块（增加对比度），直方图数据向两边拉伸，结果会使画面中的黑色区域更黑，白色区域更白。向左拖动【对比度】滑块（降低对比度），直方图中的数据会向内挤压，最暗端（纯黑）与最亮端（纯白）之间的距离缩短，照片画面变得灰蒙蒙的。

图 3-8

调整照片时，单击【自动】按钮往往能得到不错的调整效果，有时我们在其基础上再微调一下曝光度即可。如果感觉自动调整的结果不理想，那么可以先按快捷键 Command+Z/Ctrl+Z 撤销，再手动调整曝光度和对比度。

或者，按住 Option/Alt 键并单击【复位色调】按钮，把色调下的所有滑块的位置重置到 0 处。

3.3.5　调整阴影与高光

【高光】与【阴影】滑块分别用来找回高光区域与阴影区域的一些细节。在照片画面中，过暗或过亮的区域有可能会发生剪切，导致细节丢失。照片中的某个阴影区域过暗（有时叫"死黑"），该区域就会因缺少足够的变化而无法展现细节，让人感觉太黑、模糊、不好看；若某个高光区域过亮（有时叫"死白"），该区域的细节也会丢失。在打印照片时，死白区域中什么都没有，因为没有墨水落在其中。

我们的总体目标是确保照片的阴影区域和高光区域中的细节尽可能多，同时又不影响其他区域。图 3-9 所示的这张西雅图向日葵的照片是对着向日葵的黄色花瓣曝光的，由于相机的动态范围有限，加上咖啡馆内部很暗，周围光线不足，所以阴影区域中出现了剪切。我们把鼠标指针移动到直方图左上角的三角形（显示阴影剪切）上，你会看到画面中有一些区域呈蓝色显示，这些蓝色区域就是被剪切掉的阴影（死黑区域）。

💡提示　单击【显示阴影剪切】或者【显示高光剪切】图标（位于直方图左上角或右上角的三角形），可使其始终显示在画面中，以作为调整照片时的参考。当调整完成后，一定要记得把阴影剪切和高光剪切关掉，只要按一下 J 键，即可把它们全部关掉。

图 3-9

把修改照片时的设置保存成默认值和预设

在修改照片时，如果你经常使用【镜头校正】面板中的【移除色差】和【启用配置文件校正】两个选项，那么可以考虑把它们保存成【镜头校正】面板的默认设置。有时我们需要针对同类型的照片重复应用一些相同的设置，如人像锐化设置；有时我们处理的是使用同一款相机拍摄的一批照片，需要对它们应用同一个相机配置文件。类似情况下，我们可以考虑把这些设置保存成预设。上面两种方法可以为你节省很多照片处理的时间。

按照如下步骤，把【镜头校正】面板中的设置保存为默认值。

❶ 展开【镜头校正】面板。

❷ 选择你想要保存成默认值的选项，选择你的相机和镜头（或者最接近的相机和镜头）。

③ 打开【设置】右侧的菜单，选择【存储新镜头配置文件默认值】，如图 3-10 所示。

从现在开始，Lightroom 会自动把这些设置应用到你使用该相机和镜头拍摄的所有照片上。

另一种做法是把某些设置保存成预设，以便在需要或导入照片时应用它们。例如，你发现了一个用于风景的相机配置文件和一个用于人像的相机配置文件，那么你可以创建两个预设，分别用于风景照片和人像照片。导入照片时，你可以选择其中一个预设进行应用。

按照如下步骤，保存预设。

① 根据需要调整右侧面板中的设置。

② 在左侧【预设】面板标题栏中单击加号（＋），在弹出的菜单中选择【创建预设】。

③ 在【新建修改照片预设】对话框中，为预设起一个有意义的名称。

④ 在对话框左下角，单击【全部不选】按钮。

⑤ 勾选你想包含到预设中的设置。这里勾选【启用配置文件校正】【移除色差】【校准】。

⑥ 单击【创建】按钮，如图 3-11 所示。

图 3-10

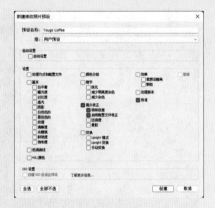

图 3-11

按照如下步骤，安装从网上下载的第三方预设。

① 将第三方预设文件解压缩，然后在菜单栏中选择【Lightroom】>【首选项】(macOS)，或者【编辑】>【首选项】(Windows)。

② 在【首选项】对话框中，单击【预设】选项卡。

③ 单击【显示 Lightroom 修改照片预设】按钮。

④ 在弹出的【访达】或【文件资源管理器】窗口中，拖入解压后的预设文件。

⑤ 重启 Lightroom。

应用预设步骤如下。

① 选择一张或多张照片。

② 打开【预设】面板。

③ 单击【用户预设】左侧的小三角形，将其展开。

④ 单击你想应用的预设，Lightroom 会将其应用到所选照片上。

在【导入】窗口底部的【导入预设】菜单中选择一个预设，可在导入照片时应用此预设。

如果只调整向日葵的照片的曝光度，那么画面中向日葵的花瓣会过曝，黄色也会改变。向右拖动【阴影】滑块，向日葵背后的细节会调整回来一些，同时又不会损害到花瓣的黄色，如图 3-12 所示。

图 3-12

这张照片拍摄的是大雾山国家公园里的一个建筑物，当我把曝光度提高至 +1.55 时，画面中的天空有点过曝了；如果把鼠标指针移动到直方图右上角的三角形（显示高光剪切）上，画面中没有信息的地方（过曝区域）就会显示为红色，如图 3-13 所示。

图 3-13

此时，我们可以使用【高光】滑块来"拯救"一下。这里把【曝光度】调到 +1.20，把【高光】

滑块拖到左端（-100），压暗画面中的高光剪切区域。此时，天空中的细节就得到了很好的恢复和保留。然后，把【对比度】和【阴影】滑块的数值增大一点，画面中的树林就会清晰地显现出来，同时又没有损失细节，如图 3-14 所示。

图 3-14

在调整照片时，【曝光度】【对比度】【高光】【阴影】4 个滑块用得最多，调整的幅度也相对较大。相比于其他格式，Raw 格式的照片能够提供更多的信息，为后期留出了更多空间。因此，在拍摄照片时，建议你使用 Raw 格式。

3.3.6　调整白色色阶和黑色色阶

前面我们调整了照片的曝光度、对比度、高光和阴影，接下来，我们看一下【白色色阶】和【黑色色阶】滑块。该不该调整【白色色阶】和【黑色色阶】滑块是有争议的，因为许多摄影师都会先设置好照片中的白色和黑色。就我个人而言，在调整照片时，用得最多的还是【曝光度】【对比度】【高光】【阴影】这 4 个滑块，【白色色阶】和【黑色色阶】滑块用得很少，有时会用它们做一些微调。

示例照片中，画面的明亮范围已经相当不错，但在黑色色阶与白色色阶中还是有一点信息是可用的，这一点可以从直方图看出来，如图 3-15 所示。通过拖动【白色色阶】和【黑色色阶】两个滑块，我们可以很快地解决这个问题。

白色色阶和黑色色阶是照片中最亮的部分和最暗的部分，但是很难通过肉眼确定它们的确切位置。可使用如下方法找到它们。按住 Option/Alt 键，在【白色色阶】滑块上按住鼠标左键，此时照片画面变成黑色。向右拖动【白色色阶】滑块，你会发现画面中出现了一些颜色。

不断向右拖动滑块，直到照片画面中出现第一块白色区域，如图 3-16 所示。该白色区域是画面中被剪切的部分，把它定义成整个画面中最亮的白色，不会导致高光信息丢失。画面中同时会出现其他颜色，这些颜色是整个画面中占主导地位的亮色。看着照片的原始画面，感觉上面盖了一层彩色薄膜，这就是所谓的"偏色"（color cast）。这里出现的黄色表明画面中有一点亮黄色，但我觉得没关系。

在拖动滑块的过程中，你会看到其他颜色，但我们要找的是白色。

图 3-15

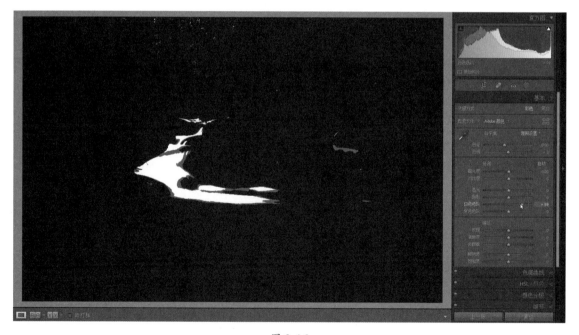

图 3-16

搞定白色色阶后，释放鼠标左键，继续按住 Option/Alt 键并在【黑色色阶】滑块上按住鼠标左键，向左拖动【黑色色阶】滑块。此时，照片画面变成全白，我们要找到第一个黑色区域。不断向左拖动滑块，当出现黑色区域时，停止拖动【黑色色阶】滑块，如图 3-17 所示。

当【白色色阶】和【黑色色阶】滑块调整好之后，你可以继续使用【阴影】和【高光】滑块在画面中尽可能多地找回信息。

图 3-17

　　也可以让 Lightroom 自动为我们做这些调整。按住 Shift 键，双击【白色色阶】或【黑色色阶】滑块，Lightroom 会自动进行调整。有时 Lightroom 调整得不错，但大多数时候，还是得靠我们自己去调整，而这在 Lightroom 中很容易实现。

3.3.7　调整清晰度、鲜艳度、饱和度

　　调整好照片的色调之后，接下来，我们使用【基本】面板中的其他一些选项来进一步调整照片。在照片的基本调整中，调整照片的清晰度、鲜艳度、饱和度都是必不可少的内容。

　　调整照片的整体曝光度会加大阴影和高光的对比度，还会影响到白色色阶和黑色色阶。在前面的调整中我们没怎么改动照片中间调，有时加强一下照片中间调对提升整个画面的表现力非常有帮助。

　　【清晰度】滑块控制着照片中间调的对比度。【清晰度】滑块很适合用来提升照片中某些元素的质感，如照片中的金属、纹理、砖墙、头发等，通过增加一点清晰度，这些元素的质感会得到明显提升，如图 3-18 所示。

图 3-18

请注意，在使用【清晰度】滑块时，请不要将其应用到画面中的焦外区域（此区域应用清晰度后通常都不好看），也不要应用到画面中柔和的元素上，如云朵、水、毛茸茸的猫咪等。

【饱和度】和【鲜艳度】滑块调整的都是照片中的颜色，但是它们的工作方式有点不一样。向右拖动【饱和度】滑块会均匀地增强照片画面中的所有颜色，包括人物肤色，如图3-19所示。使用【饱和度】滑块的问题是，它在提升颜色饱和度的时候不会考虑颜色是否已经过度饱和，这很容易导致照片过度编辑。为此，我们需要一种更精细的调整方式，这时【鲜艳度】滑块就派上用场了。

图 3-19

向右拖动【鲜艳度】滑块，照片画面中所有饱和度不够的颜色都会得到增强，如图3-20所示，而所有饱和度很高的颜色都不会被大幅调整。调整【鲜艳度】滑块时，软件会尽量保护照片中人物的肤色，不对其施加影响。

图 3-20

根据我个人的习惯，我一般会先调整【鲜艳度】滑块，把数值调得大一点，看看效果如何，然后再调整【饱和度】滑块。如果想单独增强某种颜色，可以在【HSL/颜色】面板中单独调整那种颜色的饱和度，或者使用蒙版画笔来改变颜色，相关内容将在后面的课程中讲解。

3.3.8 向照片添加细节

使用JPEG格式拍摄照片时，相机会自动向拍好的照片中应用颜色、对比度、锐化等效果。修改照片时，许多摄影师一上来就去调整照片的色调，完全忘记了给照片添加细节。默认设置下，Lightroom会自动向Raw文件添加少量锐化，但就改善照片画面来说，这一点点锐化是远远不够的。

在【细节】面板中,【锐化】区域下有 4 个滑块:【数量】滑块、【半径】滑块、【细节】滑块、【蒙版】滑块,如图 3-21 所示。这些滑块之上有一个照片预览图（单击右上角的小三角形,可隐藏或显示照片预览图）。【细节】面板中的预览图有点小,用来查看应用了多大程度的锐化不太能够实现。为此,我们可以这么办。先在预览区域中单击照片,把照片的缩放级别调整为 100%。拖动照片画面,寻找一块你能够清晰地观察到所应用的锐化程度的区域,这样你才知道应该锐化多少。

图 3-21

下面,我们一起来认识一下各个滑块。

【数量】滑块非常简单,它表示要向照片应用多大程度的锐化。

【半径】滑块控制着在多大半径范围（离像素中心点的距离）内应用锐化。只拖动【半径】滑块很难看清应用范围有多大,为此,请尝试如下操作。按住 Option/Alt 键,拖动【半径】滑块。越向左拖动滑块,画面会变得越灰;越向右拖动滑块,画面中显示的物体边缘会越多,如图 3-22 所示。画面中显示的边缘就是被锐化的区域,灰色区域不会被锐化。

图 3-22

设置好【半径】之后,接着拖动【细节】滑块。越向右拖动【细节】滑块,画面中的纹理或细节越多。但是,如果【细节】滑块向右拖得太多,甚至直接拖到了滑动条的右端,画面中的噪点就会明显增多。拖动【细节】滑块时,一定要注意这一点。

首先,使用【半径】和【细节】滑块指定要锐化的区域。然后,调整锐化的数量。

如果想限制锐化的应用区域,那么请使用【蒙版】滑块。应用【蒙版】滑块会创建一个黑白蒙版,黑色区域代表不应用锐化,白色区域代表应用锐化。

按住 Option/Alt 键,向右拖动【蒙版】滑块,指定锐化的应用区域。松开 Option/Alt 键后,你会明显地看到照片中的锐化效果,同时又没有无差别锐化时产生的噪点,如图 3-23 所示。

图 3-23

为观察锐化前后的不同，单击【细节】面板标题栏最左侧的开关，关闭锐化。再次单击开关，打开锐化。反复单击开关，观察锐化前后的画面，判断一下锐化力度是否合适。

调好锐化之后，接下来就该处理噪点了。照片中出现噪点的原因有两个：一是拍照时设置的感光度太高（如在低光照环境下拍摄），二是照片锐化过度。图 3-24 所示的照片是用 ISO 6400 拍摄的，这么高的感光度导致画面中出现了大量噪点。

图 3-24

输入锐化、创意锐化、输出锐化

导入 Raw 格式的照片时，Lightroom 会自动向照片应用一定的锐化，以便你能清晰地看到照片中的细节。这种锐化旨在模拟用 JPEG 格式拍摄时相机给照片应用的锐化效果，我们通常将其称为"输入锐化"。在我看来，这种程度的锐化（输入锐化）是远远不够的，因此我们必须在导入照片时就考虑给它们添加一定程度的锐化。

调整照片的过程中，有时我们会根据需要特意向某些区域多添加一些锐化，而在其他区域中则不会加那么多。比如，在一个有树、有天空的画面中，我会主动给树皮多加一些锐化，而树后面的天空则不会加那么多。这类锐化通常称为"创意锐化"，添加创意锐化是为了凸显画面中的特定内容。

照片调整完成后，等到输出照片时，我们还要根据输出方式再添加一些锐化，这就是所谓的"输出锐化"。例如，相比于印制在光滑材料上，把一张照片印制在帆布上需要添加的锐化要更多一些。

使用【噪点消除】区域下的工具，可以处理照片中的两类噪点。第一类是亮度噪点。向右拖动【明亮度】滑块，画面中的噪点开始减少，如图 3-25 所示。使用【明亮度】滑块可以消除画面中 90% 的噪点。

图 3-25

拖动【明亮度】滑块后，如果你觉得画面细节丢失太多，可以把【明亮度】滑块下方的【细节】滑块往右拖动。经过调整之后，如果你还想加强一下对比度，那么可以把【对比度】滑块往右拖一点。增加细节和对比度会使画面中的亮度噪点再次增多，也就是说，【明亮度】滑块与【细节】【对比度】滑块的作用是相反的。反复单击【细节】面板标题栏左侧的开关，打开或关闭细节调整，观察画面效果是否理想。

第二类是颜色噪点。有些相机拍摄的照片中不仅有亮度噪点（黑色点、白色点、灰色点），还有颜色噪点（红色点、绿色点、蓝色点）。为了消除颜色噪点，Lightroom 提供了【颜色】【细节】【平滑度】3 个滑块，如图 3-26 所示。消除颜色噪点时，先向右拖动【颜色】滑块，当颜色噪点的颜色消失时，停止拖动；然后添加一些细节和平滑度平衡一下整个画面。

图 3-26

在为使用高感光度拍摄的照片去噪时，画面的平滑度会升高一些。但是，当照片锐化过度时，我们又必须对照片做去噪处理。一张照片锐化得越厉害，噪点就越多，尤其是使用【细节】滑块时，噪点会更多。因此，在使用【细节】面板中的锐化工具锐化照片时，每加大一点锐化程度，就要相应地去一下噪点，确保照片锐度提升的同时噪点不会明显增加。

3.4　裁剪照片

调整照片时，裁剪照片是一个非常常见的步骤。通过裁剪，我们可以确保照片画面中只包含我们希望保留的内容。

按 R 键，出现【裁剪框工具】和【矫正工具】。此时，照片画面上会出现裁剪框，方便你裁剪照片。裁剪照片时，需要注意如下几点。

- 隐藏所有界面元素，以便更好地观察照片画面。按快捷键 Shift+Tab，隐藏所有面板，然后按两次 L 键，关闭背景光，只在屏幕上显示照片缩览图。调整好裁剪内容后，按 Return/Enter 键，使裁剪生效，然后按 L 键，打开背景光，再次按快捷键 Shift+Tab，显示出面板。
- 默认设置下，从一个角向内拖动裁剪框，可等比例裁剪照片，但有时我们并不希望做等比例裁剪。【长宽比】菜单中有一组预定义好的裁剪比例，如图 3-27 所示。而且，可以从【长宽比】菜单中选择【输入自定值】，然后在弹出的【输入自定长宽比】对话框中，输入需要的值。当你选择一个长宽比后，锁头图标就会闭合，这意味着你在拖动裁剪框时，其长宽比是无法改变的。单击锁头图标，解锁长宽比后，就可以随意改变裁剪框的长宽比例。
- 在照片画面上显示裁剪参考线叠加（如三分法则、黄金螺线等）对裁剪有很重要的参考意义。按 O 键，可循环改变裁剪参考线叠加。

关于裁剪的最后一个建议是：如果一个元素不能给画面增加有意义的内容，那么就没必要保留它。此时，就必须进行裁剪处理，果断地把照片中无意义的元素裁剪掉。

图 3-27

3.5　创建虚拟副本

在组织图库中的照片方面，Lightroom 做得非常好，它把图库中重复照片的数量降为 0。在 Lightroom 中，同一张照片可以添加到多个收藏夹中，在一个收藏夹中对照片做出了某些修改，其他收藏夹中的照片会自动同步这些修改。

在 Lightroom 中，如果想复制一张照片，在副本上尝试做不同的调整，同时又不想调整影响到原照片，那么该怎么办呢？这个时候，就需要用到另外一个强大的功能——虚拟副本。

新建一个名为 Virtual Copy Test 的收藏夹，如图 3-28 所示，把之前编辑过的建筑物照片放入其中，以便我们把对这张照片的修改分开。

图 3-28

在【图库】模块下的【网格视图】中，或者【修改照片】模块下的胶片窗格中，使用鼠标右键单击照片缩览图，在弹出的菜单中选择【创建虚拟副本】。此时，Lightroom 在原始照片右侧创建了一个虚拟副本。这个虚拟副本看起来与原始照片一模一样，但左下角有一个向上卷曲的图标。

这个新文件是原始照片的一个虚拟副本。Lightroom 会把虚拟副本看成一张独立的照片，我们可以在【修改照片】模块中单独修改它。这有什么好处呢？虚拟副本看起来像是一张单独的照片（一个与原始照片无关的完整副本），但它实际指向的是照片的同一个物理副本。这就是"虚拟"的含义。

你可以为同一张照片创建多个虚拟副本，然后在这些虚拟副本上尝试不同的编辑风格，同时又不占用额外的硬盘空间，如图 3-29 所示。最后，把应用不同编辑风格的虚拟副本并排放在一起做一下比较，从中挑选出自己最喜欢的风格。

图 3-29

3.6 创建快照

当我们希望把对照片的不同编辑保存起来留作比较之用时，创建快照是一个很好的选择。

编辑照片的过程中，当我们希望把当前的编辑状态保存下来时，可以单击【快照】面板（位于左侧面板组中）标题栏右端的加号（+），在弹出的【新建快照】对话框中，默认的快照名称是创建快照时的日期和时间。如果不想使用默认的快照名称，可在【快照名称】文本框中输入一个新名称，然后单击【创建】按钮，创建一个快照，如图 3-30 所示。

继续编辑照片，当你需要再次保存当前编辑状态时，再次单击【快照】面板标题栏右端的加号（+），新保存一个快照即可。快照是一种保存修片阶段性结果和跟踪修片进度的好工具。

图 3-30

3.7 同步调整至多张照片

Lightroom 中有许多功能可以帮助我们把调整快速应用到多张照片上，例如，【同步】【拷贝】/【粘贴】、【上一张】和【自动同步】。如果我们正在调整相同光线条件下拍摄的一批照片，使用这些功能可以大大节省调整照片的时间。

按照如下步骤，可把相同调整手动同步到两张或更多张照片上。

❶ 返回 Develop Module Practice 收藏夹中，选择布莱恩的 5 张照片。单击【收藏夹】面板标题栏右端的加号（+），在弹出的菜单中选择【创建收藏夹】，在弹出的【创建收藏夹】对话框的【名称】文本框中输入 Sync Test，在【选项】区域中勾选【包括选定的照片】，单击【创建】按钮，如图 3-31 所示。

❷ 第一张照片调整过白平衡，将其选中，进入【修改照片】模块，在【基本】面板中调整对比度、清晰度、鲜艳度，最后把照片裁成 16×9 的。

❸ 在【修改照片】模块下的胶片窗格中，按住 Shift 键，单击最后一张照片，选中所有照片。或者，按住 Command/Ctrl 键，分别单击各张照片，把它们同时选中。

图 3-31

④ 请确保上面第 2 步中调整的照片（第 1 张照片）处于"主选择"状态（胶片窗格中缩览图边框最亮的那张），如图 3-32 所示。

图 3-32

⑤ 单击右侧面板组底部的【同步】按钮。若右侧面板组底部显示的是【自动同步】按钮，请单击按钮左侧的切换开关，将其切换成【同步】按钮。

⑥ 在【同步设置】对话框中，单击【全部不选】按钮，然后勾选你想同步的选项。这里，勾选【白平衡】【对比度】【清晰度】【鲜艳度】【裁剪】（【处理版本】自动处于勾选状态），如图 3-33 所示。

图 3-33

❼ 单击【同步】按钮，Lightroom 会自动把这些更改应用到所选照片上。

💡提示 　在 Lightroom 中，不但可以同步全局调整，还可以同步局部调整。在第 4 课中我们会讲到，每个局部调整都有一个图钉，拖动它可把调整移动到另外一个区域。例如，当一张照片中的主体在另外一张待同步的照片中发生了轻微移动时，就可以通过拖动图钉把调整准确应用到主体上。

应用后，若某张照片需要做一些微调（包括裁剪），请在胶片窗格中选择照片（单击缩览图周围的灰色区域，取消全选，再选择待调整的照片），然后单独调整即可。

把调整应用到其他多张照片上，还有如下几种方法。

· 【拷贝】/【粘贴】：选择调整好的照片，然后单击左侧面板组底部的【拷贝】按钮。在【拷贝设置】对话框中，勾选你希望复制的选项，然后单击【拷贝】按钮。在胶片窗格中，选择要应用调整的照片，单击左侧面板组底部的【粘贴】按钮。

· 【上一张】：使用该按钮，我们可以把最近所做的调整应用到另外一张照片上。调整完一张照片后，立即在胶片窗格中选择另一张照片，然后单击【上一张】按钮（如果你选择了多张照片，则显示的是【同步】按钮）。此时，Lightroom 会把你对上一张照片做的所有调整应用到当前选择的照片上，而且也不会弹出要求你选择同步哪些调整的对话框。

· 【自动同步】：在胶片窗格中，选择多张照片，然后单击【同步】按钮左侧的切换开关，【同步】按钮就会变成【自动同步】按钮。单击【自动同步】按钮，Lightroom 会把你对"主选择"照片从此刻开始的所有调整自动应用到其他选择的照片上。该同步会一直持续，直到你再次单击【自动同步】按钮。这是一个 有风险的功能，因为你很容易忘记当前已经选择了其他照片，或者忘记你已经打开了【自动同步】。因此，最好不要使用这个功能。

在【图库】模块下，我们也可以同步修改，在胶片窗格或【网格视图】下选择照片，然后单击右侧面板组底部的【同步设置】按钮即可。

关于处理版本

　　【处理版本】指的是 Lightroom 的底层图像处理技术。本书讲解的内容（特别是有关【基本】面板的内容）针对的是新的 Lightroom 处理版本，即处理版本 5，它于 2018 年推出。在【修改照片】模块下的【校准】面板中，可以找到当前使用的是哪一个处理版本。

　　在 2018 年之前使用 Lightroom 调整照片时，使用的是另外一个处理版本。事实上，如果使用的是 Lightroom 2012，进入【修改照片】模块后，你会发现【基本】面板中某些滑块的外观和用法与当前版本的 Lightroom 有很大不同。有些滑块名称不同，默认值也不同，尤其是【清晰度】滑块，早期版本与当前版本中使用的算法完全不一样。

　　如果你喜欢旧处理版本，可以不用管它，但是如果你想使用"处理版本 5"的改进功能，那么可以修改一下照片的处理版本。请注意，当你修改处理版本后，Lightroom 界面会发生一些明显的变化。

3.8　复习题

1. 导入 Raw 格式的照片时，当导入完成后（或导入期间），为什么照片缩览图的颜色会发生变化？
2. 在 Lightroom 中，Camera Matching 配置文件与创意配置文件有什么不同？
3. 有什么办法可以保存一张照片的多个版本？
4. 如何找到照片中的白点？
5. 调整照片的白平衡时有绝对的对与错吗？
6. 如何重置面板中的滑块？
7. 如何避免均匀地锐化整张照片？
8. 请说出把调整应用到多张照片的 4 种方法。

3.9　答案

1. 因为 Lightroom 最初显示的是相机为原始文件创建的 JPEG 预览图。若 Lightroom 无法解读相机的全部专有设置，渲染后的图像看起来就会跟相机生成的 JPEG 预览图有点不一样。
2. Camera Matching 配置文件模拟的是相机厂商内置在相机中的配置文件，而创意配置文件则是专门为艺术表达而创建的。
3. 使用快照或虚拟副本都能实现。可以使用快照保存照片的不同版本，然后通过【快照】面板在原始文件中访问它们。虚拟副本相当于照片文件的一个独立的快捷方式或别名，可以根据需要随意调整它。
4. 按住 Option/Alt 键，向右拖动【白色色阶】滑块。一旦看见有白色出现，就表示你已经找到了白点。此外，你还可以双击【白色色阶】滑块，让 Lightroom 自动设置它。
5. 没有。调整白平衡是一项主观性较强的行为。Lightroom 中的【白平衡】滑块虽然可以用来校正照片中的色偏，但有时我们恰恰就需要给照片添加某种色偏以表达特定的情绪和信息。
6. 在一个面板中，双击滑块本身，即可将其重置。
7. 在【细节】面板的【锐化】区域中，使用【蒙版】滑块，可锐化照片的某个局部。
8. 在 Lightroom 中，你可以使用【同步】、【拷贝】/【粘贴】、【上一张】、【自动同步】4 种方法把调整应用到多张照片上。

在 Lightroom 的【修改照片】模块
中做局部调整和创意调整

课程概览

　　在第 3 课中我们学习了如何对照片做全局调整，全局调整影响的是照片的整个画面。当你希望突出和强调画面的某个局部区域时，就需要做局部调整。为此，Lightroom 提供了一系列局部调整工具。在 Lightroom 中掌握并最大限度地运用这些工具调整照片，将大大减少在 Photoshop 中对照片做进一步调整的时间。

　　本课学习如下内容。

- 使用【线性渐变】工具调整天空和前景，使用【径向渐变】工具添加暗角。
- 使用 Lightroom 的智能工具选择天空和主体。
- 综合运用基于栅格和矢量的选择获得更多的细节。
- 使用【污点去除】工具去除干扰。
- 把彩色照片转换成黑白照片，并应用颜色分级、暗角、颗粒等效果。

学习本课大约需要 2 小时

在 Lightroom 中，我们可以轻松地使用局部调整工具调整照片的特定区域，并使用强大的颜色控件创建出有趣的视觉效果。

4.1　课前准备

学习本课内容之前，请先做好如下一些准备工作。

请注意，如果你已经按照本书前言"创建 Lightroom 目录"中的说明，创建好了 LPCIB 文件夹和 LPCIB Catalog 目录文件，并把本课课程文件（本课用第 3 课的课程文件）放入 LPCIB\Lessons 文件夹中，请直接跳到第 3 步。

❶ 在计算机中创建一个名为 LPCIB 的文件夹，然后在其中创建 Lessons 文件夹，并把本课课程文件放入其中。

❷ 参考前言"创建 Lightroom 目录"中的说明，在 LPCIB 文件夹下创建 LPCIB Catalog.lrcat 目录文件（该文件位于 LPCIB\LPCIB Catalog 文件夹中）。

❸ 启动 Lightroom，在菜单栏中选择【文件】>【打开目录】，找到之前创建的 LPCIB Catalog 目录，将其打开。或者，在菜单栏中选择【文件】>【打开最近使用的目录】>【LPCIB Catalog.lrcat】，将其打开。

❹ 参考 1.3.3 小节中介绍的方法，把第 3 课中的照片导入 LPCIB Catalog 目录中。

❺ 在【图库】模块的【文件夹】面板中，选择 lesson03 文件夹。

❻ 新建一个名为 Develop Module Practice 的收藏夹，然后把 lesson03 文件夹中的照片添加到其中。如果你在第 3 课中已经这样做过，请跳过此步骤。

❼ 在预览区域下方的工具栏中，把【排序依据】设置为【文件名】，如图 4-1 所示。

图 4-1

到这里，本课学习中要用到的照片就准备好了。接下来，我们学习如何在 Lightroom 中使用局部调整工具做局部调整。

4.2 选择性调整的新方式

新版本的 Lightroom 在处理图像选择性调整方面做了很大的改变，如图 4-2 所示。这些改变能够切实地加快工作流程，帮助我们把照片尽快处理成想要的样子。

图 4-2

Lightroom 是一个非破坏性的照片编辑工具，旨在不改变原始照片文件的前提下修改照片。原始照片文件保存在硬盘文件夹中，我们在屏幕上看到的画面调整实际上是一些存储在 Lightroom 数据库中的文本文件。这就是所谓的"参数化编辑"。

由于这些编辑不会立即应用到照片上，所以我们可以对同一张照片的不同版本做不一样的调整，而且不会占用太多的硬盘空间，因为所有调整仅仅是一些存放在数据库中的文本。只有导出照片、在 Photoshop 中编辑照片，或者打印照片时，对照片的修改和编辑才会真正应用到照片中。

近年来，Adobe 公司在人工智能（Artificial Intelligence，AI）和机器学习方面取得了一些惊人的进展，并推出了旗下首个基于深度学习和机器学习的底层技术开发平台——Adobe Sensei。这项技术已经成功应用到许多创意应用程序中，现在又引入 Lightroom 中，如【选择天空】和【选择主体】。在选择天空和主体时，会用到光栅（基于像素）蒙版，这些蒙版使用机器学习能在几秒内准确地帮你选出所需要的内容。这是我们使用 Lightroom 方式的一个巨大变化。

由于这些变化，Lightroom 需要改进基于矢量和基于光栅的蒙版的显示方式。当进入【蒙版】面板后，不论需要做什么选择，都可以通过在【蒙版】面板中创建新蒙版来实现。

当在【直方图】面板下方的工具栏中选择【蒙版】工具时，Lightroom 就会打开一个面板，要求你从中选择一种希望创建的蒙版，如图 4-3 所示。蒙版按照功能不同可分为 3 组：第 1 组是基于像素的蒙版，包括选择主体和选择天空；第 2 组是传统的矢量蒙版，包括画笔、线性渐变和径向渐变；第

3 组是范围蒙版，包括颜色范围、明亮度范围和深度范围。

　　蒙版一旦创建好之后，就会出现在【蒙版】面板中，【蒙版】面板有点像 Photoshop 中的【图层】面板，如图 4-4 所示。默认设置下，蒙版名称由"蒙版"和一个数字编号组成，蒙版的类型在其下方缩进显示。在右侧面板组中工具栏的正下方，你会看到一些专门针对某个蒙版的调整选项，如图 4-5 所示。

　　【蒙版】面板另一个强大的地方在于：在【蒙版】面板中，我们可以把基于 AI 和矢量的蒙版结合起来，创建一种全新的蒙版，而且可以根据需要使用这些蒙版对原始蒙版进行添加或减去操作，如图 4-6 所示。

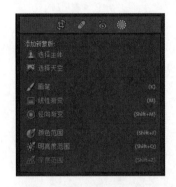

图 4-3

图 4-4

图 4-5

图 4-6

　　当我们修改好蒙版后，蒙版的缩略图也会发生相应变化，如图 4-7 所示。蒙版名称左侧的缩略图显示的是整个蒙版最终的样子，也就是其下不同蒙版共同作用的结果。

　　本课主要给大家讲解如何使用各个蒙版，以及如何把它们组合起来并得到一个完全不一样的结果。选择天空和主体时应用了 AI 技术，大大提高了我们的工作效率，让我们有更多的时间去思考如何创造性地使用图像去做出一些不一样的东西来。

图 4-7

4.3　使用【线性渐变】工具

借助【线性渐变】工具,我们可以把调整沿线性方向应用到照片的一部分区域中。【线性渐变】工具下的滑块与【基本】面板中的滑块差不多,但是线性渐变效果会沿着你拖动的方向淡出。下面,我们尝试在一张照片中应用两个线性渐变效果来调整一下画面。

❶ 在 Develop Module Practice 收藏夹中,选择 lesson03-0011,进入【修改照片】模块。图 4-8 所示的照片中的树有点亮,我想把它们压暗一些,并使它们在往水面靠近时慢慢变亮。这样可以有效地把观众的注意力吸引到画面底部。

图 4-8

❷ 在【直方图】面板下方的工具栏中,单击【蒙版】工具(位于工具栏右端),然后从列表中选择【线性渐变】,如图 4-9 所示。或者,直接按 M 键。此时,【线性渐变】面板出现在工具栏下方,它看上去与【基本】面板很像。

❸ 在【线性渐变】面板中,双击左上角的【效果】标签,把所有滑块调到 0 处。或者,按住 Option/Alt 键,单击【复位】按钮,重置所有滑块,如图 4-8 所示。

所有局部调整工具的滑块都会保留上一次的状态,所以在使用之前,一定要记得重置滑块。双击某个滑块标签或者滑块本身,也可以将其重置为默认值。

图 4-9

💡注意 Adobe 公司对蒙版效果做的另外一个改进是,在蒙版选项面板底部添加了【自动重置滑块】选项。勾选【自动重置滑块】选项后,Lightroom 会自动重置滑块,这就不再需要我们双击【效果】标签了。

❹ 向左拖动【曝光度】滑块,使数值大约为 –1.00。在使用某个工具之前,先把各个滑块设置好,这样在照片上拖动时,这些设置值会立即发挥作用。

❺ 按住 Shift 键，按住鼠标左键从照片上方往下拖动，当略微越过岩石时，停止拖动并释放鼠标左键，使渐变调整只影响到树林区域（按住 Shift 键，可保证沿垂直方向应用线性渐变），如图 4-10 所示。

图 4-10

Lightroom 会在拖动时鼠标指针经过的区域添加一个线性渐变蒙版。该线性渐变蒙版控制着调整的可见区域。拖动线性渐变中心的方块，可改变线性渐变的位置。当线性渐变处于选中状态时，中心方块是黑色的，此时可以调整线性渐变的各个滑块。当线性渐变处于非选中状态时，中心方块是浅灰色的。单击中心方块，按 Delete/Backspace 键，可删除线性渐变。

线性渐变有 3 条白线，分别代表不同的调整强度：100%、50%、0%。它们之间是从一个强度逐渐过渡到另一个强度的。通过把第一条或第三条白线拖向或拖离第二条白线，可以缩小或扩大线性渐变的影响范围。把鼠标指针移动到第三条白线下方的灰色圆点上，此时，鼠标指针变成一个弯曲的双箭头，然后按住鼠标左键，沿顺时针或逆时针方向拖动鼠标，可旋转线性渐变。调整线性渐变，使其【曝光度】为 -1.78、【阴影】为 100、【纹理】为 28，如图 4-11 所示。

❻ 接下来，在画面中添加另外一个线性渐变。在【蒙版】面板顶部单击【创建新蒙版】，在弹出的菜单中选择【线性渐变】。然后，按住 Shift 键，从画面底部向画面中心拖动鼠标，添加另外一个线性渐变，如图 4-12 所示。此时，画面中的第一个线性渐变（蒙版 1）取消选择。

图 4-11

💡 提示　多个线性渐变可以叠加在一起使用！

⑦ 在【线性渐变】面板中，双击【效果】标签，重置所有滑块，然后向左拖动【曝光度】滑块，使其数值变为 -0.55，压暗前景（水体部分）。

把鼠标指针分别移动到各个蒙版上，蒙版右侧会出现一个眼睛图标，单击眼睛图标，可打开或关闭相应蒙版。

⑧ 拖动【去朦胧】滑块（第二个线性渐变），使其数值变为 34。使用这种方法添加去朦胧效果更好，因为这样我们可以把去朦胧效果较准确地应用到指定区域（这里指水体部分）中。向右拖动【对比度】滑块，使其数值变为 54，给水体增加一些对比度，如图 4-13 所示。

图 4-12

图 4-13

❾ 在预览区域下方工具栏的右端，单击【完成】按钮，或者单击【直方图】面板下方的工具栏中的【蒙版】图标，关闭【线性渐变】面板。

使用【线性渐变】工具有助于增强画面中的某些区域，使其从画面中凸显出来。下面列出了一些使用【线性渐变】工具时的注意事项和技巧（它们同样适用于【径向渐变】和蒙版画笔工具）。

- 使用【画笔】工具可以擦除一部分渐变区域。如果渐变影响到了一些你不希望的区域，你可以向原始蒙版添加一个【画笔】蒙版，然后使用画笔擦掉覆盖在这些区域中的渐变效果，如图 4-14 所示。相关内容我们将在本课后面详细讲解。

- 选择某个渐变，单击工具面板右上角的黑色三角形，会显示出一个【数量】滑块，拖动该滑块，可调整整个渐变效果的强弱。向左拖动【数量】滑块，可降低渐变效果的强度。

- 你可以把工具设置保存成一个预设。打开工具面板顶部的【效

图 4-14

果】菜单，选择【将当前设置存储为新预设】，如图 4-15 所示。在【新建预设】对话框中，为预设设置一个名称，单击【创建】按钮。创建好预设后，可以在【效果】菜单中找到它。当需要多次使用同一个效果做调整时，使用预设会非常方便。

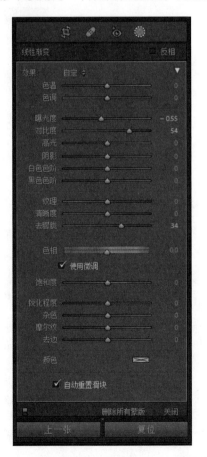

图 4-15

下一节我们讲如何使用【径向渐变】工具，其用法和【线性渐变】差不多。

4.4 使用【径向渐变】工具

调整照片时,【线性渐变】工具能做的,【径向渐变】工具也能做,只是两者的渐变方式不一样,前者是线性的,后者是径向的。使用【径向渐变】工具,我们可以精准地对照片的某个局部区域做提亮、压暗、模糊、变色、暗角等处理,以便把该局部区域凸显出来(例如,把观看者的视线吸引到某个不在中心的对象上)。

接下来,我们学习如何在照片中添加径向渐变,把观看者的注意力吸引到一个非圆形且偏离画面中心的区域上。

❶ 在胶片窗格中,选择照片 lesson03-0016。为把观看者的视线吸引到人物面部,在照片画面中添加一个【裁剪后暗角】效果是一个不错的选择,但问题是这对夫妇的面部不在照片中心,添加【裁剪后暗角】效果后画面看上去不自然。我们希望的是,以人物面部为中心把周围的区域压暗。

❷ 在【直方图】面板下方的工具栏中,单击【蒙版】工具,在弹出的菜单中选择【径向渐变】,或者直接按快捷键 Shift+M。此时,工具栏下方显示出【径向渐变】面板。

❸ 在【径向渐变】面板中,双击左上角的【效果】标签,把所有滑块的数值重置为 0。

❹ 在【径向渐变】面板顶部,把【羽化】设置为 75,勾选【反相】。这样设置后,径向渐变边缘会有柔和的过渡,而且保证径向渐变设置只影响圆圈外部区域。

❺ 单击【曝光度】滑块右侧的数字,使其处于可编辑状态,然后输入 -1.00。按 Tab 键,把【对比度】设置为 15;再按一次 Tab 键,把【高光】设置为 -59;接着按两次 Tab 键,把【白色色阶】设置为 35,如图 4-16 所示。

> 💡 提示 不断按 Tab 键,编辑焦点依次向下移动,使相应控制选项的值处于可编辑状态,此时你可以直接输入数字来更改它。按快捷键 Shift+Tab,可向上依次移动编辑焦点到各个控制选项。

图 4-16

❻ 把鼠标指针移动到两个人物的脸颊中间,然后按住 Shift 键,按住鼠标左键向右下方拖动,当

白色圆圈把人物头部框住时，释放鼠标左键（白色圆圈以按下鼠标左键的位置为中心向外扩大），如图 4-17 所示。

　　此时，会立即压暗圆圈外部区域。而且，把【高光】滑块的数值降低后，画面中的一些高光溢出区域也会得到一定程度的恢复。当前画面看起来已经很不错了，但是我们希望把圆圈变成椭圆，再稍微倾斜一下，以便更好地贴合人物面部。

图 4-17

❼ 使用下面的方法调整径向渐变的位置和大小，如图 4-18 所示。

图 4-18

- 拖动中心黑色圆点，可把径向渐变区域移动到其他地方。
- 拖动外侧圆形上的某个白色圆点，可调整径向渐变区域的大小。把鼠标指针移动到某个白色圆点上，当鼠标指针变成双箭头时，按住鼠标左键向内或向外拖动，可调整径向渐变区域的大小。对相邻白色圆点执行相同操作，可改变径向渐变区域的形状。
- 拖动外侧圆形下方的白色圆点，可旋转径向渐变区域。把鼠标指针移动到圆形下方的白色圆点上，当鼠标指针变成弯曲的双箭头时，按住鼠标左键并拖动，可旋转径向渐变区域。

⑧ 在【径向渐变】面板左下角单击切换开关，关闭径向渐变；再次单击，打开径向渐变。通过这种切换操作查看调整前后的画面效果。

4.5　添加到现有蒙版

与【线性渐变】工具一样，我们可以在同一张照片中添加多个径向渐变效果。把人物面部周围区域压暗后，接下来想要把男性人物的面部再压暗一些，饱和度降低一些，使其与女性人物在视觉上更和谐一点。为此，我们需要在画面中再添加一个作用于男性头部的径向渐变，以便压暗其面部并降低饱和度。

❶ 在【蒙版】面板中，单击【蒙版 1】的缩略图，其下显示出前面创建的径向渐变，即【径向渐变 1】。【径向渐变 1】下方有两个按钮，分别是【添加】与【减去】按钮，它们用来向现有蒙版添加或者从现有蒙版减去新蒙版。单击【添加】按钮，在弹出的菜单中选择【径向渐变】，准备在画面中再添加一个蒙版，如图 4-19 所示。

图 4-19

❷ 在男性人物面部拖动鼠标，新建一个径向渐变（径向渐变 2）区域并框住人物头部。

❸ 在【径向渐变】面板中，把【曝光度】设置为 -0.38、【饱和度】设置为 -21，如图 4-20 所示。此时，男性人物面部变暗了一些，同时人物面部的红色也减少了一些。在【蒙版 1】的缩略图中，也能看到这种变化。

图 4-20

❹ 在【蒙版】面板中，把鼠标指针移动到【蒙版 1】下的【径向渐变 2】上，其右侧会出现一个眼睛图标，如图 4-21 所示。单击眼睛图标，可关闭或打开人物面部的径向渐变效果。当打开或关闭径向渐变效果时，在【蒙版 1】的缩略图中也能观察到相应变化。【蒙版 1】缩略图中显示的是其下所有效果的综合结果。

图 4-21

▌4.6　新工具：【选择天空】与【选择主体】

　　【选择天空】和【选择主体】工具是 Lightroom 中新增的强大工具，分别用来快速选择照片画面中的天空和主体。这两个工具都有机器学习和 AI 技术的加持，选择天空和主体时准确又快速，可以大大节省时间，提高工作效率。

　　Lightroom 的另外一个强大之处是其允许使用者对选区进行加选或减选操作，这有助于得到更精准的选区。接下来演示如何使用【选择天空】和【选择主体】工具把天空和主体精确选出并进行针对性的调整。

　　❶ 在胶片窗格中，选择照片 lesson03-0010。在【直方图】面板下方的工具栏中单击【蒙版】工具，在弹出的菜单中选择【选择天空】，如图 4-22 所示。稍等片刻，Lightroom 就把照片中的天空选出来了，选择效果相当不错。而且，更令人惊叹的是，Lightroom 自动识别出了小树枝，并把它们排除在了选区之外。

图 4-22

❷ 在【选择天空】面板中，把【曝光度】设置为 -0.93、【阴影】设置为 51，恢复天空中的一些颜色，提亮一下云朵的暗部，如图 4-23 所示。

图 4-23

在【蒙版】面板中可以看到选出的天空蒙版。需要注意的是，顶部总蒙版显示的是所有子蒙版的综合结果，而其下方是各个子蒙版。这里，【蒙版 1】是总蒙版，【天空 1】是子蒙版。

❸ 接下来，我们尝试选出照片中的主体，感受一下速度有多快。在【蒙版】面板顶部单击【创建新蒙版】按钮，在弹出的菜单中选择【选择主体】。稍等片刻，Lightroom 就把照片中的主体（建筑物）选了出来，同时在【蒙版】面板中创建一个新蒙版来显示选择结果。此时，建筑物被红色覆盖着，代表其已被选中，如图 4-24 所示。

图 4-24

④ 在【选择主体】面板中，把【白色色阶】设置为 39、【清晰度】设置为 24，如图 4-25 所示。调整后，相比暗色背景，建筑物变得更亮，更有质感了。Lightroom 在选择主体（建筑物）时十分准确，地面和天空被完全排除在外。

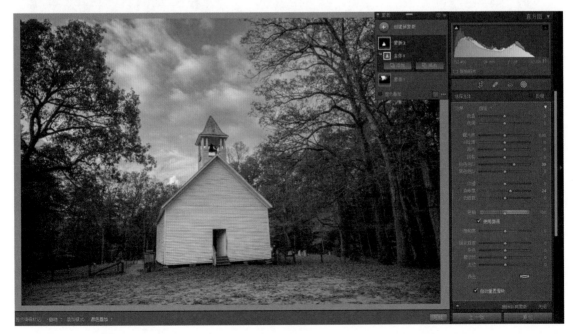

图 4-25

选择主体

新版 Lightroom 搭载的 AI 技术能够非常智能地识别出照片中的主体，不论是单个主体还是多个主体，也不管什么肤色，都能很好地识别。

❶ 选择照片 lesson03-0013，单击【蒙版】工具，在弹出的菜单中选择【选择主体】。Lightroom 自动选出了画面中的 4 个孩子，而且没有选择蛋糕，如图 4-26 所示。在选好孩子后，可以把他们单独提亮一些，使其从画面中凸显出来。

图 4-26

❷ 选择照片 lesson03-0015，单击【蒙版】工具，在弹出的菜单中选择【选择主体】。虽然画面中的人物有些模糊，不太好识别，但 Lightroom 仍较准确地把人物选了出来，如图 4-27 所示。

图 4-27

③ 选择照片 lesson03-0006，单击【蒙版】工具，在弹出的菜单中选择【选择主体】。虽然布莱恩肤色比较黑，但是 Lightroom 仍能较准确地把他选了出来，如图 4-28 所示。

图 4-28

④ 选择照片 lesson03-0008，单击【蒙版】工具，在弹出的菜单中选择【选择主体】。你会发现 Lightroom 不仅把我和布莱恩选了出来，而且把我们用的摄像机也一同选了出来，如图 4-29 所示。

图 4-29

⑤ 在【选择主体】面板右上角勾选【反相】，然后把【曝光度】设置为 -1.27、【高光】设置为 -70，把照片画面中主体之外的区域压暗，如图 4-30 所示。

图 4-30

4.7 【颜色范围】与【明亮度范围】工具

除了【选择主体】【选择天空】工具，Lightroom 还把【颜色范围】和【明亮度范围】工具添加到了【蒙版】工具和【蒙版】面板中。把所有蒙版相关的工具集中放在一起，我们用起来会更方便。

4.7.1 【颜色范围】工具

❶ 我们继续使用照片 lesson03-0010，当前其上已经添加了两个蒙版。单击【蒙版】工具，打开【蒙版】面板，在其顶部单击【创建新蒙版】按钮，在弹出的菜单中选择【颜色范围】，此时右侧面板组中显示出【颜色范围】面板，在其中可选择要处理的颜色范围，如图 4-31 所示。

图 4-31

② 移动鼠标指针到画面中，鼠标指针变成一个吸管，单击天空的蓝色区域，此时画面中被选中的区域覆盖了红色，如图 4-32 所示。使用【精简】滑块，可进一步调整所选颜色的数量。

图 4-32

③ 把【曝光度】设置为 -0.37，将天空略微压暗一些；把【色调】设置为 19，在蓝色中加一点洋红色，改变天空的整体色调，如图 4-33 所示。此时，天空看起来就与拍摄时肉眼看到的样子差不多了。

图 4-33

使用【清晰度】和【去朦胧】滑块柔化画面

把【清晰度】和【去朦胧】滑块向右拖动，画面的对比度和饱和度会升高；向左拖动，对比度和饱和度会降低。调整人像时，我们通常会把【清晰度】滑块向左拖动，以柔化人物的皮肤和其他元素。此外，还可以使用【去朦胧】滑块修复有雾或模糊的照片。

或许你没有想到，把【清晰度】滑块向左拖动能够产生水彩效果，把【去朦胧】滑块向左拖动会让画面有种梦幻的感觉。为了激发创造力，你可以多找一些照片（如山林风景照）来尝试一下上面这些用法，如图 4-34 所示。在尝试过程中，可以把不同的尝试结果保存到【快照】面板中，方便随时比较它们。

虽然我们不会对每一张照片都应用这些效果，但你至少要知道这些效果都是可以在 Light-room 中实现的。

图 4-34

4.7.2 【明亮度范围】工具

【明亮度范围】工具是根据画面中不同的亮度值来进行选择的。和以前一样，下面先创建一个明亮度范围蒙版，然后使用一系列滑块来调整它。

❶ 在【蒙版】面板中单击【创建新蒙版】按钮，在弹出的菜单中选择【明亮度范围】，如图 4-35 所示。

❷ 在照片画面中单击任意区域，Lightroom 就会选中画面中所有和单击区域有相似亮度的区域。在【效果】面板中，把【曝光度】设置为 -1.00，压暗选出的区域，如图 4-36 所示。尝试之后，在【蒙版】面板中将明亮度范围蒙版删除，继续学习下一节内容。

图 4-35

图 4-36

4.8　添加与减去选区

　　在 Lightroom 中修片时，有时只用上面介绍的几种基本蒙版就够了，但有时还需要在这些基本蒙版的基础上加减选区才能得到准确的选区。对此，Lightroom 支持在基本蒙版间做加减操作。比如，我想把画面中的地面压暗一些，但又不想影响到建筑物，该怎么办呢？下面给出解决方案。

　　❶ 在【蒙版】面板中单击【创建新蒙版】按钮，在弹出的菜单中选择【线性渐变】。在照片底部边缘之外，按住鼠标左键向上拖动至建筑物中间，释放鼠标左键，即可创建一个线性渐变，如图 4-37 所示。请确保地面全部被选中。

图 4-37

❷ 在【蒙版4】下方选择【线性渐变1】，它下面有【添加】和【减去】两个按钮。这里，我们希望把建筑物区域从线性渐变中减去。除了可以使用【画笔】工具擦除，还可以单击【减去】按钮，在菜单中选择【选择主体】，把建筑物从选区中排除，如图4-38所示。

❸ 当前地面处于选中状态下，把【色温】设置为24、【曝光度】设置为 -0.93，在画面底部增加一点纹理质感，如图4-39所示。到这里，整张照片就差不多处理好了。

❹ 任何时候，只要发现了问题，都可以再次选择相应蒙版，重新做调整。这里，在【蒙版】面板中单击【蒙版2】（建筑物），把【白色色阶】设置为11，如图4-40所示。按Y键，比较修改前后的画面效果，如图4-41所示。

图 4-38

图 4-39

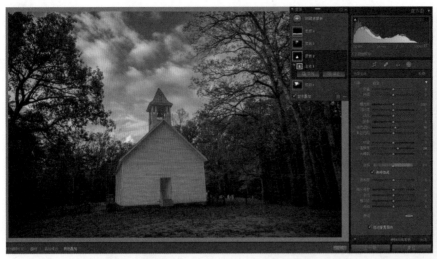

图 4-40

图 4-41

4.9 使用【污点去除】工具移除干扰物

在 Lightroom 中，使用【污点去除】工具可以很好地去掉照片画面中的一些小的干扰物，如传感器留在照片上的脏点、电线、污点等。有时，在对照片主体做一些快速修饰时，也会用到它。

【污点去除】工具有【仿制】和【修复】两种模式，这两种模式去除污点的方式不一样。在【仿制】模式下，【污点去除】工具会直接把取样点的像素复制到当前污点位置；而在【修复】模式下，【污点去除】工具会自动把污点与周围像素混合。

4.9.1 去除传感器留在照片上的脏点

下面使用【污点去除】工具去除传感器留在照片上的脏点。

❶ 在胶片窗格中选择照片 lesson03-0007。根据你的喜好调整照片，按照第 3 课中的步骤调整色调和颜色。

② 在【直方图】面板下方的工具栏中，单击【污点去除】工具（从左数第二个工具），或者直接按 Q 键。此时，工具栏下方显示出【污点编辑】面板。

③ 在【污点编辑】面板中单击【修复】，Lightroom 会采用与周围像素混合的方式来去除污点。把【羽化】设置为 10、【不透明度】设置为 100，如图 4-42 所示。在【修复】模式下，Lightroom 会自动把涂抹的区域与周围像素混合，因此可以把【羽化】值设置得小一些，特别是在去除一些小的灰尘时。

④ 在预览区域下方的工具栏中勾选【显现污点】，如图 4-43 所示。此时，Lightroom 会把照片画面变成黑白的并显示出内容的轮廓线。传感器脏点留在照片中的样子是白色圆圈或者浅灰色圆点。向右拖动【显现污点】滑块，增加灵敏度，显示出更多脏点；若显示的脏点太多，请向左拖动滑块。

图 4-42

图 4-43

💡 提示　若预览区域下方未显示出工具栏，可按 T 键将其显示出来。

使用【显现污点】功能，可以很好地把镜头、传感器、扫描仪留在照片画面中的脏点找出来。虽然这些脏点在屏幕上有可能显示不出来，但在打印照片时一般都会显露出来。

⑤ 在【导航器】面板（位于左侧面板组顶部）中单击 100%，以 100% 的缩放级别显示照片。按住空格键拖动照片画面，在预览区域中观察照片的不同区域，查找画面中的脏点。

💡 提示　激活局部调整工具后，按住空格键单击照片，可以 100% 的缩放级别显示照片；保持空格键的按住状态，拖动画面，可移动照片。当取消局部调整工具后，只需单击照片，即可放大或缩小画面。

⑥ 移动鼠标指针到某个脏点上，滚动鼠标滚轮，调整画笔大小，使其稍微比脏点大一些，然后单击脏点，将其移除。

💡 提示　调整画笔大小时，按左中括号键（[ ]），可减小画笔大小；按右中括号键（]]），可增大画笔大小。

Lightroom 会从脏点周围的区域复制像素，用以移除脏点。单击脏点后，会看到两个圆圈（见图 4-44）：一个圆圈（目标）圈住单击的脏点，另一个圆圈（源）圈住的是 Lightroom 用来移除脏点的区域。两个圆圈之间有一个箭头，从源指向目标，如图 4-45 所示。

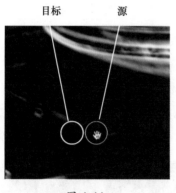

目标　源

图 4-44　　　　　　　　图 4-45

在照片预览区域下方的工具栏中，若【工具叠加】设置为【自动】，当我们把鼠标指针移出预览区域之外时，圆圈就会消失，这与使用【线性渐变】工具、【径向渐变】工具、【画笔】工具时是一样的。单击【工具叠加】，在弹出的菜单中选择【总是】【从不】【选定】（【选定】是指仅查看选定的修复），可改变这种行为。

⑦ 如果脏点去除得不理想，可尝试更改源区域，或者更改画笔大小。为此，单击目标圆圈并选择脏点，然后进行如下操作。

· 按斜杠键（/），让 Lightroom 另选一个源区域。不断按斜杠键，直到获得满意的结果。

· 移动鼠标指针到源圆圈上，当鼠标指针变成一个小手图标时，按住鼠标左键拖动到画面的其他位置，手动更改源区域。

· 移动鼠标指针到目标圆圈或源圆圈上，当鼠标指针变成双向箭头时，向外拖动可增大圆圈大小，向内拖动可减小圆圈大小。在【污点编辑】面板中拖动【大小】滑块，也可以改变圆圈大小。

当然，删除污点修复，即可恢复到修复前的状态。为此，选择目标圆圈，然后按 Delete/Backspace 键，即可删除污点修复。

⑧ 按住空格键拖动照片，查找其他脏点并去除。不断重复这个过程，直到去除画面中的所有脏点。

有时我们需要仔细检查照片中有无脏点，比如要打印照片或者把照片上传到图库销售，可以按 Home 键，从照片的左上角开始检查。然后，不断按 Page Down 键，从上到下按列检查照片画面。

⑨ 在工具栏中取消勾选【显现污点】，返回正常视图，检查画面中的脏点是否全部去除。去除脏点时，在哪个视图下都可以实现。当然，在这个过程中，我们也可以反复开关【显现污点】功能，在两个视图之间来回切换。

⑩ 按住 Command/Shift 键，在胶片窗格中选择一系列类似的照片，然后单击右下角的【同步】按钮，把脏点修复同步到同一个场景的其他照片上。在【同步设置】对话框中，单击【全部不选】按钮，然后勾选【污点去除】，单击【同步】按钮，如图 4-46 所示。

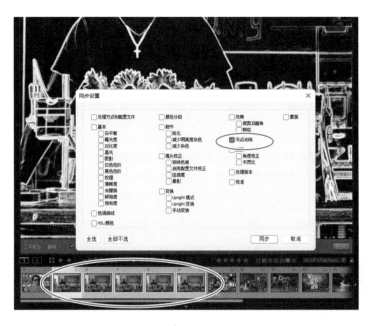

图 4-46

同步完成后，检查一下其他照片，确保脏点被成功去除。如果这些照片中的脏点位置不一样，那么可以分别拖动各张照片中的目标圆圈，把它们移动到脏点所在的位置。

4.9.2 移除对象

接下来，我们学习一下如何使用【污点去除】工具移除照片画面中较大的对象。

❶ 在胶片窗格中，选择照片 lesson03-0011，按照第 3 课中介绍的步骤，根据你的喜好调整照片的色调和颜色，如图 4-47 所示。

图 4-47

② 在【直方图】面板下方的工具栏中，选择【污点去除】工具。然后，在【画笔】区域中，把【大小】设置为 75、【羽化】设置为 20，如图 4-48 所示。这样设置后，过渡边缘会变得更柔和，移除对象后照片画面会变得更真实。

💡 提示　你可以拖动移除对象后，再调整【羽化】滑块，这有助于在过渡区域中增加或减少平滑效果。

③ 在画面左下角的亮点处拖动鼠标，使其与水域的其他部分更和谐，如图 4-49 所示。拖动鼠标时，Lightroom 会用白色标记所经过的区域。释放鼠标左键后，Lightroom 会用邻近区域中的像素修复白色区域。拖动目标区域或源区域内的黑色圆点，可更改目标区域或源区域。在本例中，尝试将源区域拖到较亮区域的边缘。

图 4-48

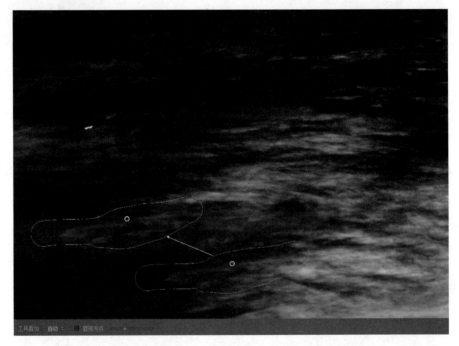

图 4-49

④ 在【污点编辑】面板左下角单击切换开关，开关【污点去除】功能，评估去除效果。若对去除效果不满意，那么单击黑色圆点，尝试把源区域移动到另外一个地方，直到获得满意的结果。

💡 提示　如果对去除结果不满意，可以按斜杠键（/），让 Lightroom 另选一个源区域，直到得到满意的结果。

4.10　黑白效果与创意色彩

当进行摄影探究时，最好把照片转换成黑白照片。关于黑白照片，著名的环境人像摄影大师格雷戈尔·海斯勒（Gregory Heisler）曾这样说：“唯有在黑白照片中，我们才能发现一些色彩无法表现的结构。”我们时常看到一些黑白怀旧照片，在欣赏这些照片时，由于画面中缺少色彩，我们一般都会把注意力集中到照片的构图、画面结构和被摄体的姿态上。

大多数数码相机中都有拍摄黑白照片的设置，但是这些设置只对使用 JPEG 格式拍摄的照片有效。而且，对于相机直出的黑白照片，我们是没办法控制照片中特定颜色的呈现方式的，也就少了一个发挥我们自身创造力的机会。

在 Lightroom 中，我们可以向照片中单独添加某些颜色，尝试不同的风格，制作出具有强烈个人风格的作品。学习这些着色技术时，可以先从单一颜色开始，然后增加到多种颜色，最终得到不同的效果。接下来，我们先学习如何在 Lightroom 中把一张照片转换成黑白照片，然后学习如何使用颜色分级来尝试各种创意风格。

4.10.1　把彩色照片转换成黑白照片

💡注意　在以前版本的 Lightroom 中，转换黑白照片时，需要进入 HSL 面板。而在当前版本的 Lightroom 中，在【基本】面板中就能完成彩色照片到黑白照片的转换。【基本】面板右上角有一个【黑白】按钮，单击此按钮，【HSL/ 颜色】面板会变成【黑白】面板，然后可进一步地调整黑白混合。

一般来说，我们应该先调整好照片，然后把照片转换成黑白照片。为方便观察照片中的颜色表现，一般都会把照片颜色的饱和度提高一些，把画面调得"浓郁"一点。有时还会调整照片的【高光】【阴影】【黑色色阶】【白色色阶】【去朦胧】，确保画面中的每个细节都能得到体现。在转换成黑白后，画面中的颜色（指有彩色）会消失，但在这之前最好调整一下照片画面，确保画面正常。

❶ 在胶片窗格中，选择照片 lesson03-0015，调整一下照片画面，如图 4-50 所示。

图 4-50

❷ 调好画面后，在【基本】面板顶部的【处理方式】区域中单击【黑白】。此时，照片由彩色变成黑白，且应用了基本的黑白调整，【HSL / 颜色】面板变成【黑白】面板。

❸ 展开【黑白】面板，其中有一系列代表不同颜色的滑块，用来做黑白混合。向右拖动某个颜色滑块，则画面中处于该颜色范围内的所有颜色的亮度都会增加（变白）；向左拖动某个颜色滑块，则画面中处于该颜色范围内的所有颜色的亮度都会降低（变黑）。

❹ 这里，我们会遇到一个很大的问题，那就是如何在一张黑白照片中调整各种颜色。因为在黑白画面中用肉眼识别出不同颜色几乎是不可能的事。这个时候，目标调整工具就派上用场了。目标调整工具是一个标靶图标，位于【黑白】面板的左上角，如图 4-51 所示。

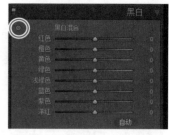

图 4-51

❺ 单击目标调整工具，激活它。在黑白照片画面中上下拖动鼠标，即可调整特定颜色。

❻ 单击人物所穿的蓝色上衣，按住鼠标左键并向上拖动，提亮单击处的颜色，以及蓝色上衣和其他区域中的同样颜色。

❼ 单击背景墙，按住鼠标左键并轻轻向下拖动，压暗组成背景墙的颜色，而且其他区域中同样的颜色也会变暗，如图 4-52 所示。

图 4-52

❽ 单击【黑白】面板标题栏左端的【禁用黑白混合 / 启用黑白混合】切换开关，开关黑白混合调整，评估做出的调整结果是否满意。切换到【禁用黑白混合】后，黑白照片画面中只应用【基本】面板中的调整；切换到【启用黑白混合】后，在【黑白】面板中做的调整也会应用到照片中。

❾ 在【黑白】面板中做完调整后，返回【基本】面板中，继续对照片做一些其他方面的调整。根据我的个人经验，建议在调整黑白照片时多增加一些对比度、清晰度、曝光度、细节和颗粒（后面讲解），这样照片画面看上去会更好，如图 4-53 所示。

图 4-53

> **💡注意** 如果想要把黑白照片重新变成彩色照片，请在【基本】面板的【处理方式】区域中单击【彩色】。
> 此时，黑白照片重新变成彩色照片，【黑白】面板重新变回【HSL/颜色】面板。

4.10.2 在 Lightroom 中做颜色分级调整

颜色分级调整就是按照明暗关系把照片画面分成高光、阴影、中间色调等区域，然后针对这些区域分别调整颜色，因而又叫分区调色。在 Lightroom 2021 中，【颜色分级】面板取代了【分离色调】面板，并引入了色轮来控制阴影、高光、中间色调，这正是大多数用户一直期待的，如图 4-54 所示。

色轮是视频调色（分区调色）软件中的常见控件，引入色轮大大方便了用户在 Adobe 系列软件中做颜色分级调整。

接下来，我们一起学习一下如何在黑白照片的一个虚拟副本上使用色轮做颜色分级调整。

❶ 在胶片窗格中，使用鼠标右键单击前面处理过的黑白照片，然后在弹出的菜单中选择【创建虚拟副本】，如图 4-55 所示。此时，Lightroom 为黑白照片创建了一个虚拟副本，接下来我们会单独修改它，请确保虚拟副本处于选中状态。

图 4-54

❷ 在【基本】面板顶部单击【彩色】，如图 4-56 所示，把黑白照片副本转换回彩色照片，打开【颜色分级】面板，动手调整照片。乍一看，除了变回彩色照片，照片画面没有其他明显的变化。

❸【颜色分级】面板简单、易用。每种色调（中间色调、阴影、高光）都有一个专属色轮，如图 4-57 所示。沿色轮圆周拖动色轮中心圆圈或外侧圆点，可改变整体色相。向内或向外拖动中心圆

圈，可改变颜色的饱和度。拖动色轮下方的滑块，可改变颜色的亮度。在【颜色分级】面板顶部的【调整】中单击某个图标，可改变色轮的显示方式（同时显示或单个显示），如图 4-58 所示。

图 4-55

图 4-56

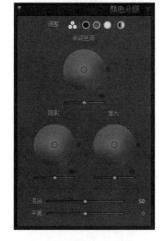

图 4-57

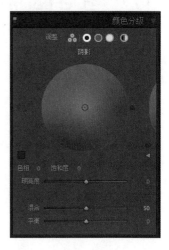

图 4-58

　　【颜色分级】面板底部有两个滑块，分别是【混合】滑块和【平衡】滑块。【混合】滑块用来设置各个范围相互混合的方式。【平衡】滑块用来控制一张给定照片中哪些像素是阴影、高光或者中间色调。在对照片做颜色分级调整时，通常先把照片的阴影、中间色调、高光调成自己喜欢的样子，然后根据需要调整一下【混合】滑块和【平衡】滑块，以便获得满意的画面效果。此外，调整颜色饱和度时，通常会单击一个色轮的中心圆圈并向外拖动，把颜色调整到特定饱和度。同时，拖动色轮外轮廓上的圆点来改变指定色调范围的整体颜色（色相）。

④ 切换到【阴影】单色轮模式下，尝试给阴影区域着色。经过调整后，当前【色相】是 202、【饱和度】是 38、【混合】是 50，整个画面笼罩着一层蓝色调，如图 4-59 所示。

图 4-59

⑤ 如果希望照片画面整体偏蓝，接下来可以去除人物皮肤上的一些颜色。为此，我们可以使用【中间色调】色轮调整一下，把【色相】调整为 164、【饱和度】调整为 52，可以看到人物皮肤上的颜色不那么明显了，如图 4-60 所示。

图 4-60

⑥ 调整【高光】色轮，使【色相】为 37、【饱和度】为 100，调整金属部分的整体高光。拖动【明亮度】滑块，使其值为 -28，找回高光区域的一些细节，如图 4-61 所示。

图 4-61

❼ 如果希望在照片画面中再加一点蓝色，可调整【全局】色轮，使【色相】为 226、【饱和度】为 15，如图 4-62 所示。

图 4-62

❽ 分区调色完成后，再在【基本】面板中做一些调整，进一步改善画面。这里把【曝光度】设置为 +0.45、【对比度】设置为 +83、【高光】设置为 -82、【阴影】设置为 +19、【白色色阶】设置为 -60、【黑色色阶】设置为 +8、【纹理】设置为 +83、【清晰度】设置为 +77、【鲜艳度】设置为 +34，如图 4-63 所示。

图 4-63

⑨ 接下来，我们把照片并排放在一起，比较一下对照片所做的不同更改。这里要比较的照片有 4 张，分别是初始照片、调整后的照片、黑白照片、颜色分级后的照片。首先，选择初始照片，创建一个虚拟副本，然后分别选择颜色分级后的照片和调整后的照片，创建一个虚拟副本，如图 4-64 所示。

图 4-64

⑩ 选择 4 张照片中的第一张照片，打开【历史记录】面板。单击【转换为黑白】的前一步，把照片恢复到转换成黑白照片前的样子。此时，照片就是调整后的照片，如图 4-65 所示。

图 4-65

⑪ 选择 4 张照片中的最后一张，在【基本】面板的右下方单击【复位】按钮。此时，照片恢复成最原始的样子，即未应用任何调整的状态，如图 4-66 所示。

图 4-66

⓬ 第三张照片是经过调整的黑白照片，如图 4-67 所示。

图 4-67

⓭ 第二张照片是做过颜色分级的照片。在【基本】面板中，应该能够看到最终的调整效果，如图 4-68 所示。

图 4-68

⓮ 按住 Command/Ctrl 键，同时选中 4 张照片。按 N 键，进入【筛选】视图模式，预览区域中同时显示出 4 张照片，如图 4-69 所示。在【筛选】视图模式下，可以自定义一个顺序来显示初始照片、调整后的照片、黑白照片、颜色分级后的照片。

图 4-69

4.11 【效果】面板

在 Lightroom 中，我们可以使用【效果】面板往照片中添加颗粒或者裁剪后暗角。当想要把观众的视线引导至照片的中心区域时，可以使用【裁剪后暗角】这个非常棒的功能。使用【裁剪后暗角】功能时要格外小心，以免照片落入俗套。

在使用某些镜头拍摄时，镜头本身的特性会导致照片的边角很暗，【裁剪后暗角】功能模拟的就是这种效果。慢慢地，人们开始喜欢上这种效果，因为它能有效地把观众的注意力吸引到照片的中心区域。

早期的 Lightroom 中，有一个【暗角】滑块，它本来是用来消除暗角，而不是添加暗角的。不过，实际上摄影师们经常使用它来给照片添加暗角，但问题是裁剪照片后所添加的暗角效果会消失。

后来，Lightroom 工程师们把【暗角】滑块放入【镜头校正】面板中，同时在【效果】面板中新增了【裁剪后暗角】（裁剪照片之后暗角大小不变，且中心位于画面中心）功能。

下面，我们拿前面调整过的黑白照片为例学习一下【裁剪后暗角】功能的用法，以及一些注意事项。

❶ 选择照片 lesson03-0015 的第一个副本（黑白照片），在【效果】面板中的【裁剪后暗角】下，向左拖动【数量】滑块至 -54，如图 4-70 所示。

图 4-70

② 在【样式】菜单中，尝试选择各个菜单项，比较一下效果有何不同。这里选择【颜色优先】，如图 4-71 所示。【裁剪后暗角】的【样式】菜单中，有如下 3 种样式可供选用。

- 【高光优先】：该样式可以恢复照片中一些"爆掉"的高光细节，但会导致照片暗部的颜色变化，适用于包含明亮区域的照片，如剪切掉的镜面反射高光等。
- 【颜色优先】：该样式可以最大限度地减少照片暗部的颜色变化，但无法恢复高光细节。
- 【绘画叠加】：该样式把裁剪后的图像值与黑色或白色像素混合，可能会导致照片画面过于平淡。

图 4-71

❸ 接下来，尝试左右拖动每个滑块。这里把【圆度】滑块往右拖动，把【羽化】滑块往左拖动，如图 4-72 所示。

图 4-72

【裁剪后暗角】区域有如下 5 个滑块可调整。

- 【数量】：向左拖动，压暗照片边缘；向右拖动，提亮照片边缘。
- 【中点】：调整暗角离中心点的远近。值越小，离中心点越近；值越大，离中心点越远。
- 【圆度】：调整暗角形状。越向左拖动，越接近圆角矩形；越向右拖动，圆角矩形逐渐变成椭圆、正圆。
- 【羽化】：调整暗角内边缘的柔和程度。越向右拖动，暗角内边缘越柔和；越向左拖动，暗角内边缘越生硬。
- 【高光】：只有在【样式】菜单中选择【高光优先】或【颜色优先】时，该滑块才可用，用于控制所保留的高光对比度。

❹【颗粒】区域相对于【裁剪后暗角】区域更简单、直观。在【颗粒】区域中，可以控制添加到照片中的颗粒数量、大小和粗糙度，如图 4-73 所示。向照片中添加颗粒，能够增强画面的真实感，提升画面的质感，尤其是在处理黑白照片时，添加颗粒能够使画面更具感染力。

使用【效果】面板时，请注意如下事项。

- 【裁剪后暗角】功能总是聚焦在画面中心。若需要聚焦的对象不在画面中心，则不适合使用该功能。
- 增加暗角数量时，羽化也要做相应调整。不然，画面看上去就像是有手电筒照射一样，太不真实了。
- 虽然 Lightroom 中的【颗粒】效果很好，但也不可过度使用，否则同样会降低照片的真实性。
- 如果你想抵消一部分画面变暗的效果，控制一下阴影和颜色，那么请使用【径向渐变】工具。

现在，我们有了一个可靠的计划来处理收藏夹中的照片，并且学会了如何对照片做全局调整和局部调整，以及如何把调整同步到多张照片上，以节省大量时间，提高工作效率。在第 5 课中，我们会介绍一些常见的摄影问题，以及在 Lightroom 中解决这些问题的方法。

图 4-73

4.12 复习题

1. 调整天空的最好工具是什么?
2. 调整可以叠加吗?
3. 使用局部调整工具时,局部调整可以在照片中移动吗?
4. 当想模糊照片中的某个区域时,是否必须到 Photoshop 中实现呢?
5. 在 Lightroom 中,可以移除照片中的某些元素吗?
6. 在 Lightroom 中,是否可以根据颜色调整照片中的特定区域?
7. 把彩色照片转换成黑白照片后,如何让照片中的特定颜色区域变亮或变暗?

4.13 答案

1. 使用【线性渐变】工具。
2. 可以。在 Lightroom 中,使用任意一个局部调整工具做局部调整时调整都是可以叠加的。
3. 可以。只要选择局部调整区域中的控制点(图钉),然后将其拖动到另外一个地方即可。
4. 不需要。在 Lightroom 中,使用【线性渐变】工具、【径向渐变】工具等可模糊照片中的
   某个区域。而且,还要把【锐化程度】设置为 −100。
5. 可以。在 Lightroom 中,使用【污点去除】工具(修复或仿制)就可以实现。
6. 可以。在 Lightroom 中使用局部调整工具调整时,选择创建【颜色范围】蒙版。
7. 把彩色照片转换成黑白照片后,选择目标调整工具,在目标区域中向上拖动可提亮目标区
   域,向下拖动可压暗目标区域。

第5课

调整人像

课程概览

　　掌握 Lightroom 中的全局调整和局部调整技术后，接下来，就该想一想如何才能最大程度地调整好照片了。调整照片的过程中，我们会遇到一些常见问题，对于这些问题，Lightroom 提供了一些简单、有效的解决方案。在本课的学习过程中，我们不会罗列出所有问题，但是我们提供了一些解决这些问题的通用思路和方法，掌握这些思路和方法后，当你遇到一个全新的问题时，可以找到相应的解决办法。我们的目标是快速解决遇到的问题，然后集中精力去做真正想做的事情——修饰更多的照片。

　　本课学习如下内容。

- 美白牙齿。
- 提亮眼白。
- 加强眼神光。
- 柔化皮肤。
- 使用【污点去除】工具去除杂乱的毛发。
- 减少眼部皱纹。
- 完整的人像修片流程。

学习本课大约需要 1.5 小时

无论是风景照、产品照还是人像，每张照片的处理都应该经过一个完整的工作流程，以确保照片的每个部分都有足够多的细节。调整每一个组件有助于你讲述一个更好的故事。

5.1　课前准备

学习本课内容之前，请先做好如下一些准备工作。

请注意，如果你已经按照本书前言"创建 Lightroom 目录"中的说明，创建好了 LPCIB 文件夹和 LPCIB Catalog 目录文件，下载本课课程文件并放入 LPCIB\Lessons 文件夹中，请直接跳到第 3 步。

❶ 在计算机中创建一个名为 LPCIB 的文件夹，然后在其中创建 Lessons 文件夹，并把本课课程文件放入其中。

❷ 参考前言"创建 Lightroom 目录"中的说明，在 LPCIB 文件夹下创建 LPCIB Catalog.lrcat 目录文件（该文件位于 LPCIB\LPCIB Catalog 文件夹中）。

❸ 启动 Lightroom，在菜单栏中选择【文件】>【打开目录】，找到之前创建的 LPCIB Catalog 目录，将其打开。或者，在菜单栏中选择【文件】>【打开最近使用的目录】>【LPCIB Catalog.lrcat】，将其打开。

❹ 参考 1.3.3 小节中介绍的方法，把本课用到的照片导入 LPCIB Catalog 目录中。

❺ 在【图库】模块的【文件夹】面板中，选择 lesson05 文件夹。

❻ 在【收藏夹】面板中，新建一个名为 Lesson 05 Images 的收藏夹，然后把 lesson05 文件夹中的照片添加到其中。

❼ 在预览区域下方的工具栏中，把【排序依据】设置为【文件名】，如图 5-1 所示。

图 5-1

前面讲解了如何对照片做全局调整和局部调整，接下来，介绍一下如何解决一些常见的照片问题。这些问题我们要尽力去避免，但是一旦遇到它们，最好会处理。下面一起学习一下这些问题的处理技巧和方法。

5.2 美白牙齿

修饰和调整照片时，提亮照片的某个区域是一个常见的操作，可用来解决很多问题。比如，提亮某些曝光不足的区域，提亮人物颈部阴影（防止出现双下巴），提亮眼睛（增强眼神光）等。这里，我们学习一下如何提亮人物的牙齿，给牙齿做一下美白。

❶ 从 Lesson 05 Images 收藏夹中选择照片 lesson05-0001，然后按 D 键，进入【修改照片】模块。在【导航器】面板中单击 100%，以 100% 的缩放级别显示照片，如图 5-2 所示。把鼠标指针移动到照片画面中，拖动画面，显示出人物的牙齿。这个女孩的牙齿很漂亮，但受左侧黄色光线的影响，看上去有点黄，我们需要解决一下这个问题。

图 5-2

❷ 在工具栏中单击【蒙版】工具，在弹出的菜单中选择【画笔】（见图 5-3），或者直接按 K 键，此时工具栏下方显示出【画笔】区域。

图 5-3

❸ 双击【效果】标签（位于画笔设置之下，效果设置之上），把所有滑块的数值重置为 0。为了提亮牙齿，这里把【曝光度】设置为 0.40、【饱和度】设置为 -50，如图 5-4 所示。降低饱和度，可去除牙齿上的色偏。

> 💡提示　每次选择一个新工具或添加新蒙版时，勾选面板下方的【自动重置滑块】，可实现滑块的自动重置。

❹ 在面板顶部的【画笔】区域中，可对画笔进行如下设置。

> 💡提示　蒙版画笔工具的【画笔】区域中有 A 与 B 两个选项，可以使用它们自定义两支画笔，如一支粗画笔、一支细画笔（用来做细节处理）。单击 A，根据需求设置好画笔 A 后，再单击 B，根据需求设置好画笔 B。使用两支画笔时，单击 A 或 B，可在它们之间来回切换。

图 5-4

- 拖动【大小】滑块，或者按左中括号键（[，减小画笔）或右中括号键（]，增大画笔），可改变画笔大小。这里，把画笔大小设置为 4。
- 【羽化】滑块用于设置画笔边缘的柔和度。按住 Shift 键，按左中括号键（[，减小羽化值）或右中括号键（]，增大羽化值），可快速改变羽化值。这里，把羽化值设置为 100。
- 【流畅度】滑块控制着调整的应用速度。降低流畅度，画笔会像喷枪一样，在多个笔触中增加调整的不透明度。这里，把【流畅度】设置为 100。
- 【密度】滑块控制着使用画笔涂抹时的强弱程度。例如，当把【流畅度】和【密度】都设置成 100 时，画笔的笔触不会像喷枪一样累加，Lightroom 会以最大强度应用调整。

  【密度】滑块确实会影响到调整的应用强度，但是如果不用画笔重刷一下，我们将无法使用它来更改已有调整的整体不透明度。

  把【密度】降低到 50%，然后重刷以前刷过的区域。不管刷多少次，在所刷区域中，调整的强度都会变为 50%。把【密度】设置为 75%，再刷，调整强度会变成 75%。

  这样，我们就不需要在【效果】区域中拖动相关滑块来改变调整的强度了（例如，在对某只眼睛做同样调整时，调整的强度需要比另一只眼睛更强或更弱）。这里，把【密度】设置为 100。
- 勾选【自动蒙版】后，Lightroom 会使用硬边画笔把你的调整限制在那些与鼠标指针处有相同色调和颜色的区域中（使用画笔绘制时，Lightroom 会不断对像素取样）。当你希望调整一个轮廓分明的区域时（如纯色背景下的某个对象），请启用该选项。这里，请不要勾选【自动蒙版】。

❺ 使用大小为 4 的画笔涂抹女孩的牙齿。如果你觉得画笔太粗，可以把画笔大小改成 3。此时，女孩的牙齿看起来有点灰，把【饱和度】提高到 -23，如图 5-5 所示。

如果不小心涂到了其他地方，那么可以按住 Option/Alt 键，使画笔进入【擦除】模式（此时会显示一个减号），然后把那些区域擦掉。

此外，还可以在面板的【画笔】区域中单击【擦除】，使画笔进入【擦除】模式。

图 5-5

> **注意** 在【擦除】模式下，画笔大小与我们在标准（添加）模式下设置的大小不一样。切换成【擦除】模式后，我们要根据需求重新调整画笔的大小，以满足擦除操作的要求。

⑥ 如果想更改调整的整体不透明度（同时改变曝光度和饱和度），请在【效果】区域右上角单击白色三角形，然后向左拖动【数量】滑块，使其数值变为 15，如图 5-6 所示。

图 5-6

⑦ 在【效果】区域的左下方单击切换开关，关闭画笔调整，再次单击，打开画笔调整。

5.3 提亮眼白

接下来，我们使用相同技术提亮女孩的眼白。掌握了提亮眼白的方法，即使你的拍摄对象睡眼惺忪，你也能应对自如，而且对于白平衡引起的眼白偏色问题，我们也可以轻松地解决。

① 在胶片窗格中选择照片 lesson05-0002。按住空格键，单击画面，以 100% 的缩放级别显示照片，拖动画面，显示出人物的两只眼睛。

② 在工具栏中单击【蒙版】工具，选择【画笔】。单击【数量】滑块右上方的三角形（见图 5-7），展开【效果】区域。

③ 按照 5.2 节给出的步骤，提亮两只眼睛的眼白。把【曝光度】设置为 0.53、【饱和度】设置为 –25，去掉眼白中的蓝色色偏，如图 5-8 所示。

涂抹前，最好开启蒙版叠加（参考 4.3 节），这样可防止不小心涂抹到别的地方（如虹膜边缘）去。按 O 键，开启【显示叠加】。此时，用画笔涂抹时，涂抹过的地方是红色的，这有助于你准确地控制笔触的位置。

图 5-7

> 💡 注意 反复按快捷键 Shift+O，可在不同的蒙版叠加颜色之间循环切换。

如果不小心刷到了虹膜，请按住 Option/Alt 键，将画笔切换到【擦除】模式，把多刷的区域擦掉。

④ 使用【效果】区域左下方的切换开关打开或关闭提亮效果，判断是否满意。

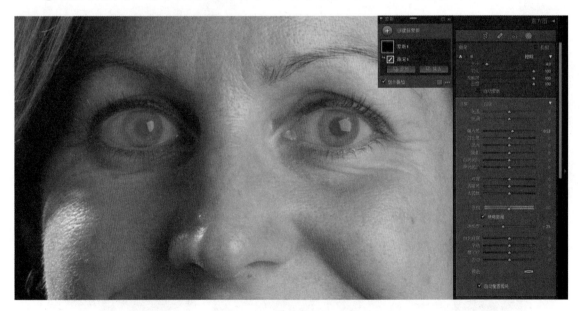

图 5-8

5.4 加强眼神光

接下来，我们继续调整眼睛，加强一下眼神光。

① 在【蒙版】面板中单击【创建新蒙版】按钮，选择【画笔】。双击【效果】标签，重置滑块的数值。

② 为了加强眼神光，把【对比度】设置为 82、【白色色阶】设置为 41。

③ 打开蒙版叠加，以便观察涂抹区域，然后在虹膜上有强反光的地方涂抹。如果一只眼睛的眼

神光不需要与另一只眼睛保持一致，那么请在面板的【画笔】区域中降低【密度】值。

❹ 使用切换开关比较加强眼神光前后的效果，判断是否满意，如图 5-9 所示。

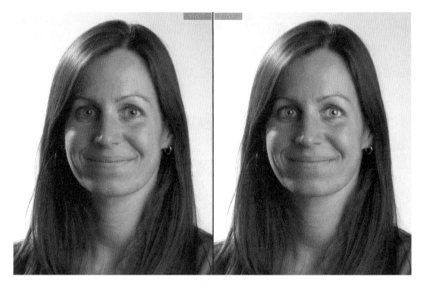

图 5-9

5.5 使用纹理画笔柔化皮肤

2019 年 5 月，Lightroom 新增了【纹理】滑块。该滑块不仅可以用来增强纹理，还可以用在人像修饰中人物皮肤的柔化上。

【纹理】滑块最初是用来帮助柔化人物的皮肤的，后来摄影师们开始使用它在画面中增加细节。

一张照片（或者一幅图像）由高频、中频、低频 3 部分组成。在调整照片的过程中进行锐化时，会影响到画面中物体的边缘区域，这些区域就是照片的高频区域，如图 5-10 所示。

图 5-10

使用【纹理】滑块，可在照片中频区域中增加细节，同时又不影响低频区域。

除了使用高 / 低频技术增加画面细节，很多人还使用这种技术把高频分离出来做柔化处理。在使用 Photoshop 修片的过程中，这种技术称为"频率分离"（分频法）。

当进行频率分离时，我们会把高频（细节）与低频（颜色与色调）分离开。这么做一方面可以弱化皮肤上的瑕疵，另一方面又可以在一定程度上保留皮肤的纹理。以前，做高频分离时，需要在 Photoshop 中创建独立的图层来分别进行处理。现在，在 Lightroom 中，只需要调整一个滑块就能得到一样的效果，如图 5-11 所示。

图 5-11

> **注意** 在修饰人像时，对于是否要去除人物身上的一些特有标记（如痣、雀斑等），我一向表现得很谨慎，我希望大家也如此。有时即便觉得去掉会更好，也不要自作主张，最好让人家自己提出想法来，我们才进行处理。有句话说得好："萝卜青菜，各有所爱。"

图 5-11 中的照片拍摄的是我的朋友——卡拉（Cara）。她本人很漂亮，皮肤也很好，根本不需要进行柔化处理。这里只是借用一下她的照片，给大家展示一下【纹理】滑块在柔化人物的皮肤方面的作用。左图是柔化前的原始照片，右图是柔化后的照片（柔化时把【纹理】滑块向左拉，使其变为负值）。经过柔化处理后，卡拉的皮肤变得更柔和了，同时肤色和纹理也得到了很好的保留。唯一的问题是，这种柔化是全局性的，会影响到那些我们不希望柔化的区域。为了解决这个问题，我们可以结合使用蒙版画笔把柔化精准地应用到指定区域。

修饰人像时，人们往往会柔化人物的皮肤，塑造一种柔美的感觉。但切不可过度柔化皮肤，否则会给人一种"瓷娃娃"的感觉，太不真实了。柔化皮肤的目标是，在保留皮肤细节的同时让皮肤色调变得均匀一些。下面我们拿卡拉的照片演示一下如何柔化皮肤。这里我们稍微柔化一点就好，因为卡拉的皮肤本来就很好。

① 在胶片窗格中选择照片 lesson05-0005，然后在工具栏中单击【蒙版】工具，在弹出的菜单中选择【画笔】，如图 5-12 所示。

图 5-12

② 把【纹理】设置为 -40，轻轻柔化人物的皮肤。

③ 在【导航器】面板中单击 100%，以 100% 的缩放级别显示照片，以便更清晰地看到人物的面部细节。

④ 在人物的皮肤上快速涂抹，边涂抹边调整画笔大小，如图 5-13 所示。若不小心涂抹到了眼睛，那么请按住 Option/Alt 键，把画笔切换到【擦除】模式，同时把画笔大小调小一些，羽化值也调小一点，然后把多涂抹的区域擦掉。涂抹前，先按 O 键，打开蒙版叠加，这样在涂抹时能同时看到涂抹过的区域。

图 5-13

⑤ 涂抹完成后，观察一下皮肤柔化效果是否满意，若不满意，可以不断调整【纹理】滑块，直

到满意，如图 5-14 所示。

图 5-14

5.6 使用【污点去除】工具去除杂乱的毛发

拍摄人像时，杂乱的毛发是一个很让人头疼的问题。以前，在 Photoshop 中去除这些杂乱的毛发很费事，但现在，我们可以在 Lightroom 中使用【污点去除】工具轻松地去除它们。

在 Lightroom 中使用【污点去除】工具去除杂乱的毛发时，要牢记以下两点。

· 不断移动和变换取样区域（源区域），直到找到一个最合适的取样区域。

· 调整修复区域的羽化值和不透明度，使其与背景自然地融合在一起。

❶ 在胶片窗格中选择照片 lesson05-0006，如图 5-15 所示。

图 5-15

② 放大照片画面，切换成【污点去除】工具。

把画笔大小设置得大一些，确保能够覆盖右侧散乱的头发。把画笔【大小】设置为 75、【羽化】设置为 23、【不透明度】设置为 100，把画笔模式设置为【修复】，如图 5-16 所示。使用画笔涂抹时，不要涂抹到太多背景，因为 Lightroom 会从背景取样来去除散乱的头发，如图 5-17 所示。

图 5-16

图 5-17

③ 有时，Lightroom 自动选择的取样区域（源区域）不准确，我们可以自己拖动取样框到一个合适的区域，如图 5-18 所示。

图 5-18

④ 选好合适的取样区域后，还要调整一下修复区域的羽化值和不透明度，使其与背景自然地融合在一起，如图 5-19 所示。

去除效果是否理想还与你面对的背景类型有很大关系。针对不同的照片背景，要对【污点去除】

工具做不同的设置，才能获得好的结果。如果要处理的照片与这里的示例照片一样，景深比较浅，那么把画笔调成【修复】模式，再调整一下【羽化】和【不透明度】滑块的数值就能得到不错的效果。如果面对的是比较清晰的背景，那么可能需要把画笔调成【仿制】模式，再把【羽化】滑块的数值调低一些才能得到令人满意的结果。

图 5-19

5.7 减少眼部皱纹

除了前面介绍的用途，【污点去除】工具还可以用来减少人物眼睛下方的皱纹和暗部区域。需要注意的一点是，每个人眼睛下方区域中的肤色都会或多或少地存在一些差异。

在去除人物眼睛下方的皱纹和暗部区域时，我们只能最大限度地减少颜色变化，但不能完全去除。

修饰人物眼睛下方的区域时，总体原则是让人物看起来像睡了一个好觉一样精神焕发，而不是萎靡不振。还有一点要牢记：我们对人物的修饰要尽量做到真实、自然，不做作。

❶ 在 Lesson 05 Images 收藏夹中选择照片 lesson05-004，在【导航器】面板中单击 100%。

❷ 选择【污点去除】工具（【修复】模式），把【羽化】设置为 85、【不透明度】设置为 73、画笔【大小】设置为 62，如图 5-20 所示。

❸ 使用画笔涂抹左眼下方的区域。涂抹时注意不要涂抹到眼镜边。（若涂抹过头，可按快捷键 Command+Z/Ctrl+Z 撤销，然后重新涂抹。）移动源区域，找到一块适合放在左眼下方的区域。

❹ 在【污点编辑】面板中，把【不透明度】滑块的数值调整为 63，使修复更加自然、真实。

❺ 在【污点编辑】面板左下角单击切换开关，开关污点去除，评估去皱效果。若不满意，单击黑色圆点，尝试移动源区域到其他地方，同时调整【羽化】和【不透明度】滑块，直到获得满意的结果，如图 5-21 所示。

❻ 使用同样的方法，处理右眼下方的区域，移动源区域，找到一块有类似光影的皮肤区域，然后调整【羽化】和【不透明度】滑块，直到获得满意的结果。

图 5-20

图 5-21

5.8 综合案例：一个完整的人像修片流程

前面我们学习了修复照片时常遇到的问题及其解决方法。接下来，我们找一张照片把人像修片流程完整地走一遍，同时把学过的技术复习一下。

① 在 Lesson 05 Images 收藏夹中选择照片 lesson05-007。

② 在【基本】面板中做如下设置，用于对照片做全局调整。

· 把【色温】设置为 -2、【色调】设置为 -7。

· 把【曝光度】设置为 +0.20，提亮整个画面。

· 把【对比度】设置为 +12，增加边缘细节。

· 把【阴影】设置为 +10，提亮阴影。

· 把【白色色阶】设置为 +15，略微提亮画面。

· 把【鲜艳度】设置为 -12，减弱一点颜色。

③ 接下来，我们对照片做一些局部调整，主要包括对人物皮肤和画面细节的一些修饰和整理。在工具栏中单击【蒙版】工具，选择【画笔】。在画笔【效果】中，把【曝光度】设置为 -1.00，在照片背景和人物头发上涂抹（见图 5-22 红色区域），压暗这些区域，以便把观众的注意力集中到画面中心区域。涂抹前，请先把画笔的【羽化】【流畅度】【密度】设置为 100，如图 5-22 所示。

图 5-22

④ 选择【污点去除】工具（【修复】模式），把【不透明度】设置为100，去除鼻梁左侧的眼镜压痕。为了方便操作，可能需要把照片放大到300%，如图5-23所示。

图 5-23

⑤ 切换回【蒙版】工具，在【蒙版】面板中单击【创建新蒙版】按钮，在弹出的菜单中选择【画笔】。把画笔【大小】设置为19.0，把【羽化】【流畅度】【密度】设置为100，在人物面部与颈部涂抹。涂抹完成后，在画笔【效果】区域中，把【纹理】设置为-15，略微柔化一下人物的皮肤，如图5-24所示。

图 5-24

⑥ 选择【污点去除】工具（【仿制】模式），把人物头顶的一缕乱发去除，如图5-25所示。

⑦ 把【污点去除】工具的模式设置为【修复】，去除牛仔裤上的亮斑，如图5-26所示。

图 5-25

图 5-26

⑧ 使用【污点去除】工具（【修复】模式）去掉人物胸部的白斑，如图 5-27 所示。请注意，这一步的处理不是必须进行的。就我来说，我一般会选择把它保留下来，除非客户明确要求去掉它。

⑨ 修饰完成后，一般还会给画面加个暗角。在【效果】面板中，把【裁剪后暗角】的【数量】设置为 -11。当然，这一步也不是必需的，加不加暗角自行决定。最后，按 Y 键，在预览区域中同时显示修改前和修改后的照片画面，观察一下我们都对照片做了哪些改动，并且评估对这些改动是否满意，如图 5-28 所示。

图 5-27

图 5-28

　　如你所见，蒙版画笔是 Lightroom 中一个极其强大的工具。使用它，我们可以精准地调整照片的指定区域，让照片画面呈现出理想的效果。

5.9   复习题

1. 使用蒙版画笔去除牙齿上的色偏时，需要调整哪个滑块？
2. 使用蒙版画笔时，怎么知道是不是涂抹到目标区域外面去了？
3. 使用蒙版画笔柔化人物的皮肤时，需要做什么设置？
4. 使用【污点去除】工具去除人物边缘的东西（如散乱的头发）时，应该根据什么来设置工具的模式（【仿制】或【修复】）？
5. 为保证污点修复笔触与背景融合在一起，我们需要做些什么？
6. 使用蒙版画笔和【污点去除】工具修饰照片时，如何做到真实、自然？
7. 当进行局部调整后，怎样查看调整前后的照片画面？

5.10   答案

1. 去除牙齿上的色偏时，请把【饱和度】滑块往左拖动，降低颜色的饱和度。
2. 在【蒙版】面板中勾选【显示叠加】，涂抹过的区域会显示为红色。
3. 使用蒙版画笔柔化人物的皮肤时，往左拖动【纹理】滑块，使其变为负值。
4. 当背景非常柔和（景深较浅）时，请把【污点去除】工具的模式设置为【修复】。当背景非常清晰时，请把【污点去除】工具的模式设置为【仿制】。
5. 为保证污点修复笔触与背景自然地融合在一起，请适当调整【羽化】和【不透明度】滑块的数值。
6. 为保证蒙版画笔和【污点去除】工具修复效果自然、真实，我们需要调整一下【不透明度】滑块，略微减弱修复效果。
7. 单击切换开关，可查看调整前后的照片画面。

第 6 课

Lightroom 与 Photoshop 协同工作流程

课程概览

　　本课是全书最重要的内容之一，主要讲解 Lightroom 和 Photoshop 协作处理照片的工作流程。本课中，我们会学习如何设置两款软件才能在它们之间传递高质量的图像文件，还会学习如何从 Lightroom 向 Photoshop 中发送各种格式的图像文件，以及如何在 Lightroom 中重新打开编辑过的图像文件。

　　本课学习如下内容。

- 设置 Lightroom【外部编辑】首选项和 Photoshop 最大兼容首选项。
- 匹配 Photoshop 和 Lightroom 的颜色设置。
- 让 Lightroom 与 Camera Raw 插件保持版本同步。
- 把 Raw 格式或 JPEG 格式照片从 Lightroom 发送到 Photoshop，然后传回 Lightroom 中重新打开。
- 把照片以智能对象形式从 Lightroom 发送到 Photoshop 中。

学习本课需要 **1~2** 小时

本课学习 Lightroom 和 Photoshop 的设置，以确保两款软件能够协同工作，保证它们之间能够来回传递高质量的照片。

▌6.1　课前准备

学习本课内容之前，请先做好如下一些准备工作。

请注意，如果你已经按照本书前言"创建 Lightroom 目录"中的说明，创建好了 LPCIB 文件夹和 LPCIB Catalog 目录文件，下载本课课程文件并放入 LPCIB\Lessons 文件夹中，请直接跳到第 3 步。

❶ 在计算机中创建一个名为 LPCIB 的文件夹，然后在其中创建 Lessons 文件夹，并把本课课程文件放入其中。

❷ 参考前言"创建 Lightroom 目录"中的说明，在 LPCIB 文件夹下创建 LPCIB Catalog.lrcat 目录文件（该文件位于 LPCIB\LPCIB Catalog 文件夹中）。

❸ 启动 Lightroom，在菜单栏中选择【文件】>【打开目录】，找到之前创建的 LPCIB Catalog 目录，将其打开。或者，在菜单栏中选择【文件】>【打开最近使用的目录】>【LPCIB Catalog.lrcat】，将其打开。

❹ 参考 1.3.3 小节中介绍的方法，把本课用到的照片导入 LPCIB Catalog 目录中。

❺ 在【图库】模块的【文件夹】面板中，选择 lesson06 文件夹。

❻ 在【收藏夹】面板中，新建一个名为 Lesson 06 Images 的收藏夹，然后把 lesson06 文件夹中的照片添加到其中。

❼ 在预览区域下方的工具栏中，把【排序依据】设置为【文件名】。

接下来，我们学习如何设置 Lightroom 和 Photoshop，确保两款软件能够协同工作。

▌6.2　设置 Lightroom 和 Photoshop

想要在 Lightroom 和 Photoshop 之间传送高质量的照片，需要对这两款软件进行一些必要的设置。

下面，我们会学习如何调整 Lightroom 首选项来控制其发送给 Photoshop 的文件类型，还会学习如何设置 Photoshop 才能使其与 Lightroom 使用的色彩空间保持一致。接着，我们会学习如何让 Lightroom 和 Camera Raw 插件保持同步，然后深入了解如何在两款软件之间来回发送文件。

这些内容对协同使用 Lightroom 和 Photoshop 来说至关重要。一旦做好这些设置，一般情况下，我们就不需要再改动它们。

6.2.1　在 Lightroom 中设置【外部编辑】首选项

在 Lightroom 中，【外部编辑】首选项控制着 Lightroom 怎么把照片文件发送给 Photoshop。在【外部编辑】首选项中，可以指定照片文件在发送给 Photoshop 时所采用的文件格式、位深度、色彩空间、文件命名约定，以及 Photoshop 文件返回 Lightroom 后的显示方式。

除了 Photoshop，还可以在 Lightroom 的【外部编辑】首选项中指定其他外部编辑器。Photoshop 是与 Lightroom 配合得最好的一个图像编辑软件，有了 Photoshop，基本就不需要再使用其他的图像编辑软件了。

1. 设置把照片发送给 Photoshop 时的参数

安装好 Lightroom 后，它会自动搜索硬盘并查找最新版的 Photoshop（或者 Photoshop Elements），然后把它指定为首要的外部编辑器。下面我们按照如下步骤，设置 Lightroom 在把照片发送给 Photoshop 时的参数。

❶ 在 Lightroom 的菜单栏中选择【Lightroom Classic】>【首选项】（macOS）或者【编辑】>【首选项】（Windows），单击【外部编辑】选项卡，如图 6-1 所示。

图 6-1

【在 Adobe Photoshop 2022 中编辑】区域中的设置指定了以什么"面貌"（如文件格式、色彩空间、位深度、分辨率等）在 Photoshop 中打开照片文件，在 Lightroom 的菜单栏中执行【照片】>【在应用程序中编辑】>【在 Adobe Photoshop 2022 中编辑】命令时，这些设置就会得到应用。（如果你不主动修改这些设置，Lightroom 会自动应用默认设置。）

❷ 在【文件格式】菜单中选择【PSD】，可在 Lightroom 中保留最佳质量以及在 Photoshop 中添加的图层。

> 💡 提示　TIFF 格式也支持图层，但是这种格式的文件的尺寸要比 PSD 格式的文件大得多。

❸ 在【色彩空间】菜单中，选择想要使用的色彩空间。如果照片是以 Raw 格式拍摄的，建议选择【ProPhoto RGB】；如果照片是以 JPEG 格式拍摄的，建议选择【Adobe RGB(1998)】。

ProPhoto RGB 色彩空间涵盖的颜色范围最广，可保护相机捕获的颜色不被裁剪或压缩。相关内容将在"选择色彩空间"中讲解。在使用像素编辑器（如 Photoshop）渲染或者使用 Lightroom 导出前，Raw 格式的照片文件不带常规的颜色配置文件，而选择【ProPhoto RGB】可保证在 Photoshop 中编辑时有较广的颜色范围。

相比之下，JPEG 格式的照片所拥有的颜色范围要小得多。对于使用 JPEG 格式拍摄的照片，可选的最大颜色范围是【Adobe RGB (1998)】。

> 💡 注意　当把一张较大色彩空间的照片转换成较小色彩空间的照片时，画面颜色会发生变化。正因如此，在导出一张照片之前，一定要先在较小的色彩空间中看一眼照片（称为软打样），确认没问题后再导出。

选择色彩空间

色彩空间指的是要使用的颜色范围。下面列出了一些选择色彩空间时应该注意的事项。

· Adobe RGB(1998) 是最常用的色彩空间之一，其包含大量颜色，是设计师和摄影师的首选。Adobe RGB(1998) 非常适合用于在喷墨打印机和商业印刷机上印刷照片。

我们可以更改数码相机的颜色配置文件，使其与 Photoshop 保持一致。例如，大多数相机初始设置的色彩空间都是 sRGB，但我们可以把它改成 Adobe RGB(1998)。关于更改相机色彩空间的方法，请查阅相机的用户手册。选择色彩空间时，请确保所选择的色彩空间和显示器的色彩空间是一致的。

· 在目前可用的色彩空间中，ProPhoto RGB 是其中最大的一个，也是处理 Raw 格式照片的软件所使用的色彩空间。它是 Lightroom 和 Photoshop 的 Camera Raw 插件的原生色彩空间。在图 6-2 中，ProPhoto RGB 色彩空间以白色显示，其他色彩空间叠加在其上。

· sRGB 色彩空间略小于 Adobe RGB(1998) 色彩空间。它是互联网标准的色彩空间。如果你的照片要发布到网上，或者用在演示文稿、视频中，或者要发送给在线打印公司打印，请选择 sRGB 色彩空间。如果不选择其他色彩空间，Photoshop 将默认使用 sRGB 色彩空间。

· CMYK 色彩空间主要用在商业印刷行业中，它包含的颜色数量较少，因为商业印刷机使用墨水再现的颜色数量有限。

图 6-2 的最下面是 ProPhoto RGB 色彩空间与人眼色彩空间（人眼真是不可思议）的对比。

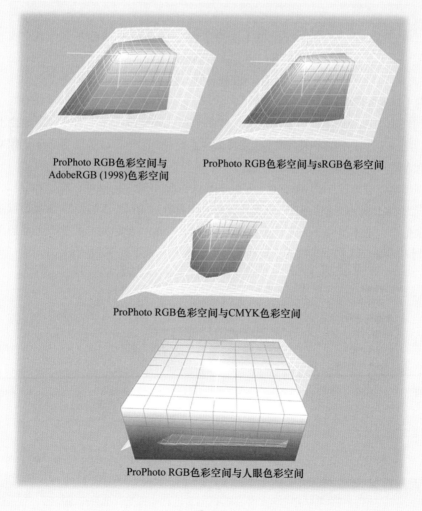

ProPhoto RGB色彩空间与
AdobeRGB (1998)色彩空间

ProPhoto RGB色彩空间与sRGB色彩空间

ProPhoto RGB色彩空间与CMYK色彩空间

ProPhoto RGB色彩空间与人眼色彩空间

图 6-2

④ 在【位深度】菜单中，选择【16 位 / 分量】（Raw 格式照片）或者【8 位 / 分量】（JPEG 格式照片）。

【位深度】是指图像本身包含多少种颜色。我们的目标是尽可能长时间地保留尽可能多的颜色细节。

JPEG 格式的照片是 8 位的，可包含的颜色超过 1600 万种。Raw 格式的照片是 16 位的，可包含的颜色超过 280 万亿种。在把 16 位照片发送到 Photoshop 中做进一步处理时，请尽量保持 16 位，只有执行一些不支持 16 位照片的操作（如应用某些滤镜）时，或者打算从 Lightroom 中导出照片时，才需要降成 8 位。

⑤【分辨率】保持默认值（240）不变。

分辨率控制着像素密度，会影响照片打印时的像素大小。240 像素 / 英寸是喷墨打印机打印照片的最低要求，在从 Lightroom 中导出照片时，可以根据需求来调整分辨率。

> 💡 提示　分辨率的单位有 PPI、DPI 等，其中 PPI 代表的是"每英寸像素数"，用于图像显示区域；DPI 代表的是"每英寸点数"，专门用来指打印机的分辨率，因为许多打印机使用点阵图的方式在纸张上用油墨打印照片。

做好上面的设置后，在 Lightroom 的【图库】模块中选择一张或多张照片，然后在菜单栏中选择【照片】>【在应用程序中编辑】>【在 Adobe Photoshop 2022 中编辑】，或者按快捷键 Command+E/Ctrl+E，Lightroom 就会应用这些设置把照片发送到 Photoshop 中。

2.　设置【其他外部编辑器】

在【外部编辑】选项卡中，可以指定一个或多个其他外部编辑器，这些编辑器会出现在 Lightroom 的【照片】>【在应用程序中编辑】级联菜单中。这样，你就可以选择使用自己喜欢的编辑器打开照片，或者为同一个编辑器选择不同的设置。

其他编辑器可以是第三方程序或插件，如 Adobe Photoshop Elements、Nik Color Efex、ON1 等。我们甚至可以为 Photoshop 指定另外一套配置，每套配置针对的是不同类型的照片或用途。

例如，我们可以把【其他外部编辑器】指定为 Photoshop，然后为准备发布到网上的照片专门指定一套配置。【外部编辑】选项卡中的【其他外部编辑器】区域如图 6-3 所示。

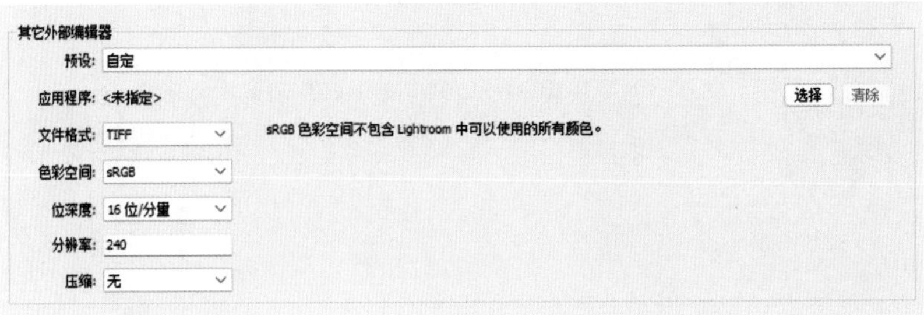

图 6-3

> 💡 注意　只有 Photoshop 和 Elements 才能成为主要的外部编辑器。如果计算机中没有安装这两款软件，则在【照片】>【在应用程序中编辑】级联菜单中，【在 ××× 中编辑】（××× 为主要的外部编辑器名称）命令将不可用。但你仍能在【其他外部编辑器】区域中指定其他外部编辑器，然后在【照片】>【在应用程序中编辑】中启动它们。

把 Elements 指定为外部编辑器

在 Lightroom 中,我们可以把 Elements 指定为主要的外部编辑器或附加的外部编辑器。这个过程与指定 Photoshop 大致相同,但要注意如下几点。

首先,如果计算机中安装了 Elements 但没有安装 Photoshop,Lightroom 会自动选择 Elements 作为主要的外部编辑器。

其次,如果计算机中同时安装了 Elements 和 Photoshop,那么可以在【其他外部编辑器】区域中将 Elements 指定为附加的外部编辑器。为此,我们必须找到 Elements Editor 应用程序文件所在的位置,注意不是 Elements Editor 根目录下的别名(快捷方式)。想要找到真正的应用程序文件,请使用如下路径。

· Applications/Adobe Photoshop Elements 2022/Support Files/Adobe Photoshop Elements Editor(macOS)。

· C:\Program Files\Adobe\Photoshop Elements 2022\PhotoshopElementsEditor.exe(Windows)。

如果选择了别名或快捷方式,那么当从 Lightroom 向 Elements 中发送照片文件时,Elements 会启动,但不会打开照片。

最后,Elements 只能工作在 Adobe RGB (1998) 和 sRGB 色彩空间下。当我们把照片文件从 Lightroom 发送到 Elements 时,请把色彩空间设置为 Adobe RGB (1998)。

3. 设置【堆叠原始图像】

在把照片文件从 Lightroom 发送到 Photoshop 中做处理后,返回的 PSD 文件将显示在原始文件的旁边(在【图库】模块下)。在某些情况下,我们可能需要为 PSD 文件创建多个副本,例如,想要为照片创建多个具有不同风格的版本。

为防止出现混乱,可以勾选【堆叠原始图像】,让 Lightroom 把多个 PSD 文件和原始照片堆叠在一起,如图 6-4 所示。

这样,可以得到一个可折叠的缩览图组,称为堆叠。展开堆叠后,所有 PSD 文件会并排显示在【图库】模块的【网格视图】和胶片窗格中。这样,我们在查找相关文件时会变得很容易。

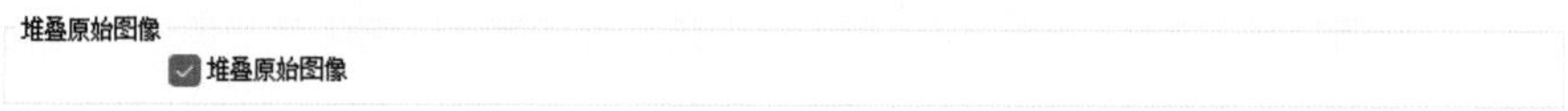

堆叠原始图像
☑ 堆叠原始图像

图 6-4

但当把堆叠折叠起来时,只有一张照片缩览图会显示在【网格视图】和胶片窗格中,无法看到所有相关联的照片文件。为了解决这个问题，我们可以取消勾选【堆叠原始图像】，然后使用【图库】模块下的【排序依据】菜单，把原始照片及其相关的 PSD 文件组织在一起。

具体操作为：在【图库】模块底部的工具栏中，打开【排序依据】菜单，选择【文件名】或【拍摄时间】，如图 6-5 所示。

> **♀ 注意**　若【图库】模块下未显示出工具栏，可按 T 键，将其显示出来。

图 6-5

4. 设置【外部编辑文件命名】

【外部编辑】选项卡底部有一个【模板】菜单，用来设置如何命名在 Photoshop 中编辑过的照片文件，如图 6-6 所示。默认设置是在原始照片的名称后面加上"- 编辑"后缀，我们可以根据需要自己指定命名方式（示例文件名中被自动添加 .psd 扩展名）。

这里，我们保持默认命名方式即可。将来当你想更改命名方式时，请在【模板】菜单中选择【编辑】，打开【文件名模板编辑器】对话框，在其中指定想要更改的命名方式，然后保存成模板，关闭【首选项】对话框。

图 6-6

下面我们学习如何设置 Photoshop，以使其更好地与 Lightroom 协同工作。

6.2.2　配置 Photoshop 颜色设置

前面配置好了 Lightroom，接下来，我们学习一下如何配置 Photoshop。在前面的内容中，我们指定了 Lightroom 在将照片文件发送到 Photoshop 时所使用的色彩空间，本节学习如何把 Photoshop 设置成同样的色彩空间。

❶ 在 Photoshop 的菜单栏中选择【编辑】>【颜色设置】，打开【颜色设置】对话框。

❷ 在【工作空间】区域中，从【RGB】菜单中选择【ProPhoto RGB】或者【Adobe RGB (1998)】。这里选择的色彩空间应该与我们在 Lightroom 的【外部编辑】选项卡中选择的色彩空间一致。

❸ 在【色彩管理方案】区域中，从【RGB】菜单中选择【保留嵌入的配置文件】。

❹ 在【缺少配置文件】中勾选【打开时询问】，其他选项保持默认设置，如图 6-7 所示。

> 💡注意　如果外部编辑器是 Elements，那么我们需要调整一下它的颜色设置。具体操作为：启动 Elements，在菜单栏中选择【编辑】>【颜色设置】，在弹出的对话框中选择【始终优化打印】，单击【确定】按钮。此时，Elements 会启用 Adobe RGB (1998) 色彩空间。若选择【始终优化计算机屏幕的颜色】，将启用较小的 sRGB 色彩空间。

在做好这些设置后，从 Lightroom 发送照片文件到 Photoshop 时，照片应该能够在正确的色彩空间中打开。当 Photoshop 检测到照片文件没有嵌入的配置文件时，它会弹出一个对话框询问怎么处理。在这种情况下，请选择【指定工作 RGB】，然后单击【确定】按钮。

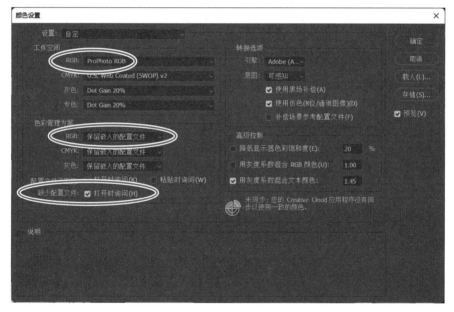

图 6-7

❺ 在【颜色设置】对话框中单击【确定】按钮，将其关闭。

接下来，我们了解一下如何创建 Lightroom 可预览的 Photoshop 文件。

6.2.3　配置 Photoshop 最大兼容首选项

根据前面的设置，Lightroom 在把照片文件发送给 Photoshop 时会采用 PSD 文件格式，为此我们需要在 Photoshop 中进行一些设置。

Lightroom 无法识别图层，为了让包含图层的 PSD 文件能够在 Lightroom 中正常显示，Photoshop 需要在每个文档中嵌入一个图像的拼合版本。这个拼合的图像就是我们在 Lightroom 中看到的样子。

❶ 在 Photoshop 的菜单栏中选择【Photoshop】>【首选项】>【文件处理】(macOS) 或者【编

辑】>【首选项】>【文件处理】（Windows）。

② 从【文件处理】选项卡的【最大兼容 PSD 和 PSB 文件】菜单中选择【总是】，如图 6-8 所示。

③ 单击【确定】按钮，关闭【首选项】对话框。

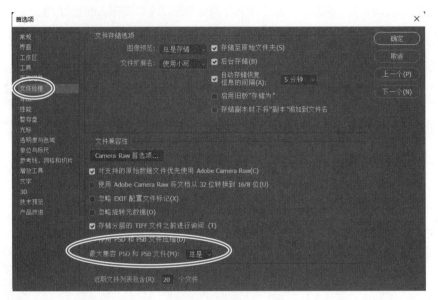

图 6-8

这样设置后，我们就可以在 Lightroom 中看到 PSD 文件了。

下面我们学习如何让 Lightroom 和 Photoshop 的 Camera Raw 插件保持版本同步。

6.2.4 让 Lightroom 和 Camera Raw 保持版本同步

Lightroom 的核心是一个 Raw 文件转换器，其工作是将 Raw 文件中的数据转换成可在显示器中查看和编辑的图像。Photoshop 中也有一个 Raw 文件转换器——Camera Raw 插件。Camera Raw 和 Lightroom 使用相同的 Raw 文件转换引擎，当 Adobe 更新其中一个的版本时，另一个也会更新到相匹配的版本。

当把一张 Raw 格式照片从 Lightroom 发送到 Photoshop 时，Photoshop 会使用 Camera Raw 把 Raw 数据渲染成可在显示器中显示和处理的像素，因此让 Lightroom 和 Camera Raw 的版本保持同步是非常有必要的。当两者版本不匹配时，Lightroom 就会弹出不匹配警告，而且在 Lightroom 和 Photoshop 之间来回传输照片文件时也会出现问题。有关这方面的内容，请读者阅读"解决 Lightroom 和 Camera Raw 版本不匹配的问题"。

按照如下步骤，查看计算机中已安装的 Lightroom、Photoshop 和 Camera Raw 分别是哪个版本。

① 在 Lightroom 的菜单栏中选择【Lightroom Classic】>【关于 Lightroom Classic】（macOS）或【帮助】>【关于 Lightroom Classic】（Windows），弹出的窗口中会显示 Lightroom 的版本信息，同时会显示与当前 Lightroom 版本完全兼容的 Camera Raw 的版本。单击窗口本身（macOS）或者窗口右上角的关闭图标（Windows），关闭窗口。

② 在 Photoshop 的菜单栏中选择【Photoshop】>【关于 Photoshop】（macOS）或【帮助】>【关于 Photoshop】（Windows），在弹出的窗口中会显示当前 Photoshop 的版本号。单击窗口本身（macOS）或者窗口右上角的关闭图标（Windows），关闭窗口。

❸ 在 Photoshop 的菜单栏中选择【Photoshop】>【关于增效工具】> Camera Raw（macOS）或者【帮助】>【关于增效工具】> Camera Raw（Windows），弹出的窗口中会显示当前 Camera Raw 的版本号。单击窗口本身（macOS）或者窗口右上角的关闭图标（Windows），将其关闭。

解决 Lightroom 和 Camera Raw 版本不匹配的问题

如果计算机中安装的 Lightroom 和 Camera Raw 版本不匹配，则从 Lightroom 发送 Raw 格式照片到 Photoshop 中时，Lightroom 就会弹出不匹配警告。

虽然这并不是什么很棘手的问题，但是了解 Lightroom 提供的选项是很有必要的，具体选项如下。

- 单击【取消】按钮关闭警告对话框，同时停止向 Photoshop 中发送照片文件。随后，升级软件，再进行尝试。
- 单击【使用 Lightroom 渲染】按钮，Lightroom 仍会把 Raw 格式照片发送到 Photoshop 中，但 Lightroom 会自己渲染照片，而不会使用 Camera Raw 渲染。使用 Lightroom 渲染照片的好处是，可保证 Lightroom 中的所有调整都包含在渲染后的照片中，即使你用的是最新版本 Lightroom 中的功能也不例外，无须考虑这个功能在当前 Camera Raw 版本中是否受支持。但这同时会带来另外一个问题：在警告对话框中单击【使用 Lightroom 渲染】按钮后，Lightroom 会把图像的一个 RGB 副本添加到 Lightroom 目录中，即使你在 Photoshop 中关闭了图像并且没有保存，Lightroom 目录中仍然会有这个副本。这个时候，我们就需要多做一步，把 RGB 副本从 Lightroom 目录中删除。
- 单击【仍然打开】按钮，Lightroom 会把 Raw 格式照片发送给 Photoshop，并由 Camera Raw 负责渲染。但这样无法保证渲染后的图像中包含 Lightroom 中的所有调整。例如，如果我们使用的 Lightroom 版本高于 Camera Raw 的版本，并且在调整某张照片时用到了 Lightroom 的最新功能，但该功能未受到当前版本 Camera Raw 的支持，那么在 Photoshop 中打开这张照片时，那些在 Lightroom 中使用新功能对照片所做的调整将会丢失。

总之，一句话：尽可能让你的 Lightroom 和 Camera Raw 保持版本匹配。

如果你是 Adobe Creative Cloud 会员，那么请使用 Adobe Creative Cloud 应用程序来更新软件。如果不是，那么请在 Lightroom 或 Photoshop 的菜单栏中选择【帮助】>【更新】。在更新 Photoshop 时，Camera Raw 也会更新到最新版本。

6.3 把 Raw 格式照片从 Lightroom 发送到 Photoshop 中

在 Lightroom 中调整好一张 Raw 格式照片后，可能需要将其发送到 Photoshop 中做进一步的调整（像素级别）。

把 Raw 格式照片从 Lightroom 发送到 Photoshop 的过程很简单，而且适用于各大相机厂商的专有 Raw 格式（比如佳能的 CR2 格式、尼康的 NEF 格式）和 DNG 格式照片。本节将教你如何实现这一过程。

处理照片时，第一步是在 Lightroom 中调整照片的色调和颜色，相关内容在第 5 课中已经讲过。

我对一张在威尼斯拍摄的照片（lesson06-0004）做了一系列的基本调整，然而，照片画面中有一艘充满现代感的船（水警船），与整个画面不太和谐。在 Lightroom 中把这艘小船去掉很困难，也很麻烦，但是当进入 Photoshop 中后，使用其内置的 AI 工具可将小船轻松地去除。

❶ 在胶片窗格中选择照片 lesson06-0004，按 D 键，进入【修改照片】模块。对照片进行如下调整：【色调】设置为 +15，【曝光度】设置为 +0.40，【对比度】设置为 +38，【高光】设置为 -93，【白色色阶】设置为 +35，【去朦胧】设置为 +13，如图 6-9 所示。

图 6-9

❷ 在菜单栏中选择【照片】>【在应用程序中编辑】>【在 Adobe Photoshop 2022 中编辑】，或者按快捷键 Command+E/Ctrl+E。

此时，Photoshop 启动并打开，Lightroom 把照片发送给 Photoshop。

Photoshop 的 Camera Raw 插件会渲染照片，以便我们能在 Photoshop 中查看和编辑它。在 Photoshop 中打开照片后，之前在 Lightroom 中对照片所做的调整都会变成永久性的。（当然，你仍然可以回到 Lightroom 中对原始文件做自由调整。）

❸ 在 Photoshop 中，使用【缩放工具】和【抓手工具】，放大画面并找到我们要处理的区域，如图 6-10 所示。

图 6-10

❹ Photoshop 中有很多选择工具可以帮助我们选出水警船，但其中最厉害的当数那些基于 AI 的选择工具，它们使选择操作变得很容易。按 W 键，切换到【对象选择工具】（如果它不是第一个出现的工具，请按快捷键 Shift+W，直到选中它）。然后，紧贴着水警船绘制一个矩形。此时，就用一圈蚂蚁线把水警船选了出来，如图 6-11 所示。为了把船体边缘添加到选区中，在菜单栏中选择【选择】>【修改】>【扩展】，在【扩展选区】对话框中，把【扩展量】设置为 1 像素，单击【确定】按钮。

图 6-11

❺ 如果使用的是较旧版本的 Photoshop，这里建议进行如下操作：在菜单栏中选择【编辑】>【填充】，然后在【填充】对话框的【内容】中选择【内容识别】，让 Photoshop 使用周围区域中的像素填充选区；但这么做往往会遇到一个问题，那就是周围区域中可能会有一些我们不想要的内容，如图 6-12 所示。为了去掉这些内容，我们不得不重复上述操作。

图 6-12

❻ 为了解决这个问题，新版本的 Photoshop 中专门新增了一个【内容识别填充】工作区，允许我们把不想要的内容涂抹掉，将其排除在计算范围之外，从而节省大量时间。在菜单栏中选择【编辑】>【内容识别填充】，进入【内容识别填充】工作区中，如图 6-13 所示。此时，照片画面中出现一个绿色区域，它是【内容识别填充】的取样区域。在左侧工具栏中，可以看到当前选中的是【取样画笔工具】，用来从取样区域中擦除不希望取样的区域。

❼ 使用【取样画笔工具】在绿色区域中涂抹，擦掉建筑物、其他船只和一些较暗的水面，在右侧区域中会立即看到结果，如图 6-14 所示。如果不小心擦多了，请按住 Option/Alt 键，用【取样画笔工具】再擦回来。当我们对结果满意时，单击【确定】按钮，退出【内容识别填充】工作区。

图 6-13

图 6-14

💡 提示 前面我们提到过要为每一次拍摄创建收藏夹集，然后在收藏夹集中为工作的不同部分创建收藏夹。如果这是一次旅行拍摄，现在最好在父收藏夹集中创建一个名为 Photoshop Files 的专用收藏夹，用来把 Photoshop 文件集中在一起。这样，我们就可以在同一个地方快速访问所有 Photoshop 文件了。

6.3.1　把照片发送回 Lightroom 中

在 Photoshop 中处理好照片后，保存并关闭照片即可。此时，若 Lightroom 处于打开和运行状态，则处理好的 PSD 文件就会出现在 Lightroom 目录中，并紧挨着原始照片显示。

❶ 在 Photoshop 的菜单栏中选择【文件】>【存储】，或者按快捷键 Command+S/Ctrl+S，保存

文件。在 Photoshop 的菜单栏中选择【文件】>【关闭】，或者按快捷键 Command+W/Ctrl+W，关闭文件。

从技术上讲，可以使用【文件】>【存储为】命令来重命名文件，但是不要改变文件的存储位置。否则，Lightroom 会找不到它。

❷ 在 Lightroom 中按 G 键，返回【图库】模块的【网格视图】，可以看到处理好的 PSD 文件出现在原始照片旁边，如图 6-15 所示。

此时，照片缩览图的右上角会显示照片文件的格式：一张照片是 PSD 格式，另一张照片是 DNG格式（若未显示，请按 J 键，切换一下视图样式），如图 6-16 所示。

图 6-15

图 6-16

原始照片（DNG 格式照片）中有我们在 Lightroom 中对其做过的调整，这些调整是在把照片发送到 Photoshop 之前做的。而在经过处理后的照片（PSD 格式照片）中，既有在 Lightroom 中做过的调整，也有在 Photoshop 中做过的调整（内容识别填充）。但是，请注意，在经过处理的照片中，那些在 Lightroom 中所做的调整已经永久性地应用在照片上了。如果需要，可以在 Photoshop 中重新打开 PSD 文件，继续调整它，接下来我们尝试一下。

6.3.2　在 Photoshop 中重新打开 PSD 文件做进一步编辑

在把 PSD 文件发送回 Lightroom 中后，如果想在 Photoshop 中继续调整它，只需将其重新发送到 Photoshop 中，重新打开它调整即可。例如，我们希望去掉水面上的一只白色的鸟，请按照如下步骤操作。

① 在 Lightroom 的【图库】模块下选择 PSD 文件，然后按快捷键 Command+E/Ctrl+E。

② 在弹出的【使用 Adobe Photoshop 2022 编辑照片】对话框中选择【编辑原始文件】，单击【编辑】按钮，即可在 Photoshop 中打开含有图层的 PSD 文件。若选择其他选项，那么在 Photoshop 中打开的将是 PSD 文件的一个拼合图像后的副本，而不是包含图层的 PSD 文件。

③ 在 Photoshop 中打开包含图层的 PSD 文件后，在【图层】面板中选择【背景】图层，然后使用【椭圆选框工具】把白色的鸟框选出来，如图 6-17 所示。

图 6-17

④ 在菜单栏中选择【编辑】>【填充】，然后在【填充】对话框的【内容】菜单中选择【内容识别】，如图 6-18 所示。

⑤ 单击【确定】按钮。按快捷键 Command+S/Ctrl+S 保存 PSD 文件，再按快捷键 Command+W/Ctrl+W 关闭文件。

更新后的 PSD 文件会原封不动地返回 Lightroom。最后，在 Lightroom 中对 PSD 文件做一些收尾调整。

图 6-18

6.3.3　在 Lightroom 中对 PSD 文件做收尾调整

> 💡 提示　在 Lightroom 中给 PSD 文件添加暗角后，又回到 Photoshop 中做了一些修复调整，调整完成后返回 Lightroom，还需要再次给更新后的 PSD 文件添加暗角。

　　把照片从 Lightroom 发送到 Photoshop 中，再返回后，照片的调整工作可能就已经完成，但有时我们还需要在 Lightroom 中对 PSD 文件做一些收尾调整，如添加暗角、裁剪画面，以及专门针对打印调一下颜色等。

　　一般来说，应该尽量避免重复我们在【基本】面板中所做的原始调整，因为这会使我们的工作流程变复杂。当在 Photoshop 中重新打开 PSD 文件时，PSD 文件中不会包含 Lightroom 中的附加调整（这是由于 Photoshop 在文件中包含了特殊的拼合图层，相关内容已经在 6.2.3 小节讲过）。而且，如果打开包含 Lightroom 调整的 PSD 副本，那么会丢失最初在 Photoshop 中创建的图层。

　　接下来，我们对这张在威尼斯拍摄的照片做一些收尾性的调整。

　　❶ 在 Lightroom 中选择 PSD 格式的照片文件，按 D 键，在【修改照片】模块下打开照片。

　　❷ 下面我们在【基本】面板中做一些图像调色处理。在【配置文件】最右侧单击有着 4 个矩形的图标，打开【配置文件浏览器】面板，然后在面板底部的【黑白】创意配置文件中选择【黑白 04】，如图 6-19 所示。单击【关闭】按钮，退出【配置文件浏览器】面板。

图 6-19

　　❸ 在工具栏中单击【蒙版】工具，选择【选择天空】。把【曝光度】设置为 0.04、【对比度】设置为 71、【高光】设置为 -13，如图 6-20 所示。

　　❹ 展开【细节】面板，给照片添加一些锐化。把【数量】设置为 25，然后按住 Option/Alt 键并拖动【半径】滑块，直至看见建筑物的边缘。

　　❺ 按住 Option/Alt 键并拖动【细节】滑块，直到看到足够多的细节。

图 6-20

如果发现画面中出现了明显的噪点，请调整【噪点消除】下的滑块，减少画面中的噪点。另外，如果打算把照片打印出来，那么需要根据打印所用的纸张对照片做相应的锐化处理。需要注意的是，锐化一定要适度，千万别过度。

6.4 把 JPEG 格式照片从 Lightroom 发送到 Photoshop 中

当从 Lightroom 向 Photoshop 发送非 Raw 格式的照片时，Lightroom 就会询问我们以什么形式把照片发送至 Photoshop 中。我们的选择决定着在 Lightroom 中对照片所做的编辑是否会被一同发送到 Photoshop 中。

本节中，我们会把一张 JPEG 格式照片发送到 Photoshop 中，然后在 Photoshop 中去除画面中的一个元素，并应用一个调色预设。

❶ 在 Lightroom 的【图库】模块下或者【修改照片】模块下的胶片窗格中，选择照片 lesson06-0001。

❷ 按快捷键 Command+E/Ctrl+E，在 Photoshop 中打开照片。

❸ 在【使用 Adobe Photoshop 2022 编辑照片】对话框中选择【编辑含 Lightroom 调整的副本】，单击【编辑】按钮，如图 6-21 所示。

此时，所选照片在 Photoshop 中打开，并且应用了 Lightroom 中的调整。若在【使用 Adobe Photoshop 2022 编辑照片】对话框中选择了其他选项，则在 Photoshop 中打开所选照片时，在 Lightroom 中对照片做过的调整都将不可见。

❹ 在 Photoshop 的菜单栏中选择【图层】>【新建】>【通过拷贝的图层】，或者按键盘上的快捷键 Command+J/Ctrl+J，复制一个图层。

⑤ 下面翻转一下画面，使画面左上角保持干净。按快捷键 Command+T/Ctrl+T，打开自由变换。然后，使用鼠标右键单击画面，在弹出的快捷菜单中选择【水平翻转】。此时，画面中的人物发生了水平翻转，这一点在【图层】面板的【图层 1】的缩览图中也体现了出来，如图 6-22 所示。按 Return/Enter 键，退出自由变换。

图 6-21 · 图 6-22

⑥ 为了盖住原画面（未翻转）左上角的吊灯，我们只需保留画面（翻转后）的左上角，而把画面的其他部分隐藏起来，这个时候蒙版就派上用场了。按住 Option/Alt 键，在【图层】面板底部单击【添加图层蒙版】按钮，为前面复制出的图层添加一个黑色蒙版。

⑦ 按 D 键，确保前景色和背景色分别为白色和黑色。然后按 G 键，把当前工具切换为【渐变工具】（若当前【渐变工具】未显示在工具栏中，请单击工具栏底部有着 3 个点的图标，在弹出的菜单中选择该工具，即可将其显示在工具栏中）。在选项栏中单击渐变缩览图右侧的箭头，打开【渐变拾色器】，在【基础】下选择【前景色到背景色渐变】。

> 💡 注意　在选项栏中，若渐变工具的颜色不是左白右黑，请按 X 键，把前景色和背景色互换。

⑧ 单击画面左上角，按住鼠标左键，从左上到右下拖动一小段距离，如图 6-23 所示。由于前景色为白色、背景色为黑色，【图层 1】左上角的内容显示了出来，并且沿着拖动的方向逐渐隐藏起来，原画面左上角的吊灯就被覆盖掉了，如图 6-24 所示。

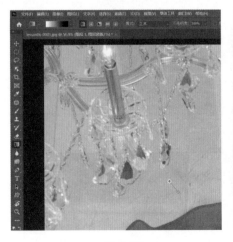

图 6-23 · 图 6-24

⑨ 给画面调色。在【图层】面板底部单击【创建新的填充或调整图层】按钮，然后在弹出的菜单中选择【颜色查找】，如图 6-25 所示。

⑩ 在【属性】面板的【3DLUT 文件】菜单中选择【TealOrangePlus-Contrast.3DL】，如图 6-26 所示。

图 6-25

⑪ 颜色查找表是一种新的调色方法，相关内容可以单独写一本书来介绍，此处不深入讲解。颜色查找表"开箱即用"。使用它们，有时能够得到一些非常有趣的结果，建议尝试一下。在【图层】面板右上方，把图层的【不透明度】降低至 62%，将原始颜色显露一部分，如图 6-27 所示。

⑫ 当前 JPEG 文件中包含 3 个图层，在【图层】面板中，自上而下分别是【颜色查找 1】【图层 1】【背景】。按快捷键 Command+S/Ctrl+S 保存文件，按快捷键 Command+W/Ctrl+W 关闭文件。由于含有图层，Photoshop 会使用 PSD 格式保存照片。返回 Lightroom，在胶片窗格或【网格视图】下，PSD 文件出现在了原始 JPEG 文件旁边。

图 6-26

⑬ 如果想重新修改一下【颜色查找 1】以调整图层的不透明度，请在 Lightroom 中选择 PSD 文件，然后按快捷键 Command+E/Ctrl+E，将其在 Photoshop 中重新打开。

⑭ 在弹出的【使用 Adobe Photoshop 2022 编辑照片】对话框中选择【编辑原始文件】，单击【编辑】按钮，如图 6-28 所示。

⑮ 在 Photoshop 的【图层】面板中，选择【颜色查找 1】调整图层，然后在【图层】面板右上方把【不透明度】修改为 50%，如图 6-29 所示。

⑯ 按快捷键 Command+S/Ctrl+S 保存文件，然后按快捷键 Command+W/Ctrl+W 关闭文件。此时，Lightroom 中的 PSD 文件得到了更新。

图 6-27

图 6-28

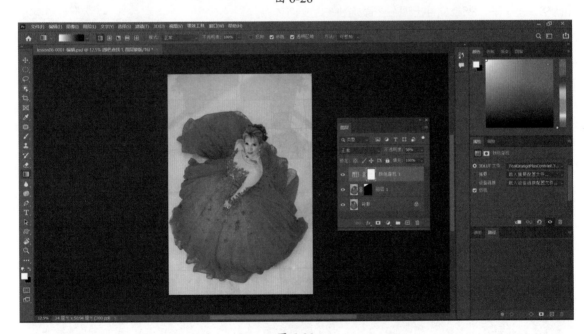

图 6-29

6.5 把照片作为智能对象从 Lightroom 发送到 Photoshop 中

　　另外一种把照片从 Lightroom 发送到 Photoshop 中的方法是把照片作为智能对象发送，我们可以把智能对象看作一层"保护壳"。当把照片转换成智能对象后，我们对照片做的所有操作都只作用到这层保护壳上，而不会直接作用到里面的照片。在智能对象的保护下，我们对照片的调整（如调整大小、应用滤镜等）不会影响到原始照片。

当把一张 Raw 格式照片作为智能对象发送到 Photoshop 中时，智能对象也会保持 Raw 格式。有了智能对象，当需要在 Photoshop 中对照片做最后的微调时，就可以直接使用 Camera Raw 插件。

另外，在智能对象的帮助下，我们也可以直接在 Camera Raw 插件的【快照】面板中访问在 Lightroom 中创建的所有快照。这是另一种在 Photoshop 中尝试不同图像处理风格的好方法。

在 Lightroom 和 Photoshop 中使用快照

接下来，我们继续使用前面用过的威尼斯风景照，先为照片创建一系列快照，然后在 Photoshop 中查看它们。

① 选择照片 lesson06-004，按 D 键，进入【修改照片】模块。向照片添加【黑白 04】配置文件。

② 在【修改照片】模块下的【快照】面板标题栏右端单击加号，新建一个名为 Black and White 的快照，如图 6-30 所示。

图 6-30

③ 在【基本】面板中，把【处理方式】切换为【彩色】，把【鲜艳度】设置为 -26。

④ 在【快照】面板标题栏右端单击加号，新建一个名为 Color Version 的快照，如图 6-31 所示。

此时，【快照】面板中有了两个快照，分别对应不同的调整风格，借助它们，可以快速切换到相应的调整风格。唯一的问题是，我们无法在【筛选视图】下同时比较两个快照，这一点比不上虚拟副本。不过，对于提升工作效率来说，这已经很棒了。下面我们把照片作为智能对象在 Photoshop 中打开。

⑤ 使用鼠标右键单击照片画面，在弹出的快捷菜单中选择【在应用程序中编辑】>【在 Photoshop 中作为智能对象打开】，如图 6-32 所示。

图 6-31

图 6-32

⑥ Photoshop 2022 中增加了一些基于机器学习的智能滤镜——Neural Filters，值得我们好好探索一下。下面我们向照片画面中应用一种绘画风格。在菜单栏中选择【滤镜】>【Neural Filters】，进入 Neural Filters 工作区中。在滤镜列表中，可以选择自己喜欢的滤镜，然后下载并激活。这里打开【样式转换】滤镜。

⑦ 在右侧单击【艺术家风格】并选择一种风格，把【强度】设置为 7、【样式不透明度】设置为 79、【细节】设置为 100，按 Return/Enter 键，如图 6-33 所示。

图 6-33

⑧ 由于当前照片是智能对象，所以 Photoshop 会向它应用【智能滤镜】。通常，滤镜只能应用到基于像素的照片上。【智能滤镜】能够提供基于像素的滤镜的所有选项，但仅限于 Raw 格式照片。【智能滤镜】还提供了一个蒙版，供我们指定滤镜效果应用的区域，如图 6-34 所示。

图 6-34

❾ 在【图层】面板中双击【智能滤镜】4 个字，可返回【Neural Filters】工作区，且【样式转换】处于开启状态，允许我们更改滤镜的参数。这里，把【样式不透明度】设置为 68，单击【确定】按钮，如图 6-35 所示。

图 6-35

❿ 此时，Photoshop 会自动更新照片，并把新设置应用到智能对象上。智能滤镜有一个白色蒙版，使用黑色画笔在白色蒙版上涂抹，所涂抹区域中的滤镜效果就会被隐藏起来。如果想把隐藏的滤镜效果重新显示出来，只需使用白色画笔在希望显现的区域中涂抹即可。在后面课程中我们会详细讲解图层蒙版的用法。

在 Photoshop 中，不仅可以反复修改智能对象和智能滤镜，还可以把快照信息读入 Camera Raw 中，这一点非常强大。

前面在 Lightroom 中我们把两个快照保存在了 Raw 格式照片中，然后把照片作为智能对象在 Photoshop 中打开。接下来，打开智能对象，更改快照，以向照片应用新外观。

⓫ 双击智能对象图层的缩览图，打开 Camera Raw 插件，如图 6-36 所示。Camera Raw 窗口中的各种滑块和 Lightroom 中【修改照片】模块下的滑块很相似。在 Camera Raw 窗口的右上角，有一系列面板图标。单击【快照】图标（从下往上数第二个，像一堆照片），打开【快照】面板，其中列出了我们在 Lightroom 中保存的快照。

⓬ 选择 Black and White 快照，然后单击 Camera Raw 窗口右下角的【确定】按钮，如图 6-37 所示。

图 6-36

⓭ 如图 6-38 所示，在 Photoshop 中保存文件，然后关闭文件。返回 Lightroom，此时可以看到我们在 Photoshop 中对照片所做的更改已经体现出来了。

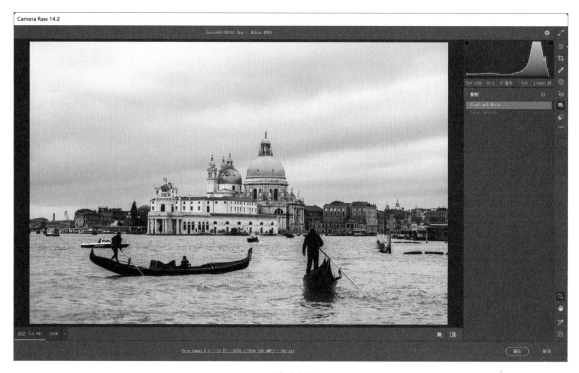

图 6-37

图 6-38

在 Photoshop 中使用 Camera Raw 插件可以很轻松地访问我们在 Lightroom 中创建的快照，但需要强调的是，该操作仅适用于 Raw 格式的照片。

6.6　复习题

1. 在 Lightroom 中，是否可以为外部编辑器 Photoshop 指定多套配置，以便在把照片从 Lightroom 发送到 Photoshop 中时选用？

2. 【照片】>【在应用程序中编辑】>【在 Adobe Photoshop 2022 中编辑】命令所对应的快捷键是什么？

3. 按快捷键 Command+E/Ctrl+E，把一张 Raw 格式照片从 Lightroom 发送到 Photoshop 中时，Photoshop 会调用哪个插件渲染照片，以便你在 Photoshop 中查看和处理它？

4. 当把一张 Raw 格式照片发送到 Photoshop 中，在 Photoshop 中做了一些调整并保存后，在 Lightroom 中 Raw 格式照片旁边会出现什么格式的照片？

5. 在 Lightroom 中对 PSD 文件做调整后，再次在 Photoshop 中打开时，若选择了【编辑原始照片】选项，那些 Lightroom 中的调整会在 Photoshop 中显现出来吗？

6. 在 Photoshop 中可以访问在 Lightroom 中创建的快照吗？

6.7　答案

1. 可以。在【首选项】对话框中，除了可以配置主外部编辑器，还可以在【其他外部编辑器】区域中为同一个外部编辑器或另外一个编辑器指定不同的配置。当我们把一套配置保存成一个预设后，这个预设就会以菜单项的形式显示在【照片】>【在应用程序中编辑】菜单中。

2. 【照片】>【在应用程序中编辑】>【在 Adobe Photoshop 2022 中编辑】命令对应的快捷键是 Command+E/Ctrl+E。

3. Photoshop 会调用 Camera Raw 插件来渲染照片。

4. 当把一张 Raw 格式照片从 Lightroom 发送到 Photoshop 中后，在 Photoshop 中执行保存操作都会生成一个 PSD 文件，除非在 Lightroom 的【外部编辑】选项卡下把文件格式改成了 TIFF。

5. 不会。在把 PSD 文件从 Lightroom 发送到 Photoshop 重新打开的过程中，若选择【编辑原始照片】，则从前一次 PSD 文件返回 Lightroom 时起，所有 Lightroom 中的调整在 Photo-shop 中都不可见，因为文档中包含了特殊的拼合图层。因此，当编辑好的 PSD 文件返回 Lightroom 后，还需要重做那些调整。

6. 可以，但要求必须是 Raw 格式照片。在 Lightroom 中为 Raw 格式照片创建好快照，然后将其作为智能对象发送到 Photoshop 中，在 Photoshop 中双击智能对象，打开 Camera Raw 插件。在 Camera Raw 窗口中，单击【快照】图标，【快照】面板中会列出所有快照。

第7课

在 Photoshop 中创建选区与添加蒙版

课程概览

相比于 Lightroom 中的局部调整工具，Photoshop 在选择复杂对象和色调范围方面的功能更加强大。在 Photoshop 中，可以通过做选择来准确告知 Photoshop 想修补照片的哪一部分。有了选区后，可以使用蒙版把所选区域隐藏起来，并用另外一张照片替换它，或者禁止对其进行调整。在 Photoshop 中，借助选区和蒙版，我们可以轻松地更换照片背景、更改某个对象的颜色、使用某种颜色或图案填充某个区域，以及创建现实中并不存在的场景等。

本课学习如下内容。

- 使用【矩形选框工具】【多边形套索工具】【套索工具】做选择。
- 使用【选择主体】【选择对象】命令选择焦点对象，以及使用【选择并遮住】工作区选择毛发。
- 使用另一张照片替换选区的内容与改变选区的颜色。
- 使用 Neural Filters 滤镜匹配两个图层的颜色和色调。

学习本课需要 2~2.5 小时

把照片从 Lightroom 发送到 Photoshop 的一个重要原因是，使用 Photoshop 复杂的选择和蒙版功能可以真实、自然地更换照片背景。

7.1　课前准备

学习本课内容之前，请先做好如下一些准备工作。

请注意，如果你已经按照本书前言"创建 Lightroom 目录"中的说明，创建好了 LPCIB 文件夹和 LPCIB Catalog 目录文件，下载本课课程文件并放入 LPCIB\Lessons 文件夹中，请直接跳到第 3 步。

❶ 在计算机中创建一个名为 LPCIB 的文件夹，然后在其中创建 Lessons 文件夹，并把本课课程文件放入其中。

❷ 参考前言"创建 Lightroom 目录"中的说明，在 LPCIB 文件夹下创建 LPCIB Catalog.lrcat 目录文件（该文件位于 LPCIB\LPCIB Catalog 文件夹中）。

❸ 启动 Lightroom，在菜单栏中选择【文件】>【打开目录】，找到之前创建的 LPCIB Catalog 目录，将其打开。或者，在菜单栏中选择【文件】>【打开最近使用的目录】>【LPCIB Catalog.lrcat】，将其打开。

❹ 参考 1.3.3 小节中介绍的方法，把本课用到的照片导入 LPCIB Catalog 目录中。

❺ 在【图库】模块的【文件夹】面板中，选择 lesson07 文件夹。

❻ 在【收藏夹】面板中，新建一个名为 Lesson 07 Images 的收藏夹，然后把 lesson07 文件夹中的照片添加到其中。

❼ 在预览区域下方的工具栏中，把【排序依据】设置为【文件名】，如图 7-1 所示。

图 7-1

接下来，我们先从选择的基础知识学起，这些知识将在你的整个摄影师生涯中发挥巨大作用。

7.2　选择的基础知识

Photoshop 中提供了一系列帮助我们创建选区的工具和命令。创建好一个选区后，选区周围就会出现一条动态蚂蚁线。这条蚂蚁线出现在选区边缘，将其与其他区域隔开。有了一个选区后，接下来无论做什么，都只会影响选区里面的内容。使用鼠标右键单击选区，会弹出一个与选区相关的快捷菜单，里面包含一些常用的选区命令，如图 7-2 所示。在工具栏中选择不同的选择工具，显示在快捷菜单顶部的命令也不一样（这里选择的是【魔棒工具】）。

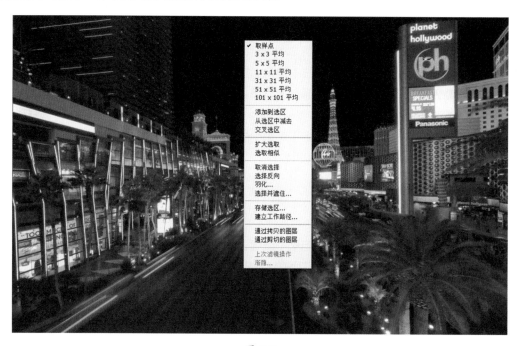

图 7-2

> ♀ 注意　选区不会永远存在，当你使用某个选区工具单击选区之外的某个地方时，原来的选区就会消失。

下面是一些与选择有关的常用命令。

- 【全部选择】：使用该命令时，Photoshop 会选择当前图层中的所有内容，蚂蚁线出现在整个文档边缘。在菜单栏中选择【选择】>【全部】，或者直接按快捷键 Command+A/Ctrl+A，可执行全部选择。
- 【取消选择】：用完选区后，在菜单栏中选择【选择】>【取消选择】，或者按快捷键 Command+D/Ctrl+D，或者在选区外单击一下，可取消选择，蚂蚁线也随之消失。
- 【重新选择】：在菜单栏中选择【选择】>【重新选择】，或者按快捷键 Shift+Command+D/Shift+Ctrl+D，可恢复上一次选择。使用该命令可重新激活上一次选择，即使在那之后又应用了 5 个滤镜，画了 20 多笔，仍可以恢复选择。但是，如果期间使用了裁剪工具或文字工具，该命令将失效。如果不小心取消了一个花了很长时间建立的选区，使用【重新选择】命令可将其轻松地找回来。

- **【反选】**：在菜单栏中选择【选择】>【反选】或者按快捷键 Shift+Command+I/Shift+Ctrl+I，可执行【反选】命令，把选区反选，选中先前选区外的全部内容。有时候，先选择不想要的区域，然后反选得到想要的选区要比直接选择容易。

- **【载入选区】**：该命令会选中某个特定图层中的所有内容，并在所选内容边缘显示出蚂蚁线。这样，不管接下来做什么，都只会影响蚂蚁线里面被选中的内容。在【图层】面板中，按住 Command/Ctrl 键，单击图层缩览图，可载入选区。或者，使用鼠标右键单击图层缩览图，然后在弹出的快捷菜单中选择【选择像素】，也可载入选区。

- **【存储选区】**：花了很长时间创建好一个选区后，很可能想把它保存起来，以便日后重新载入（按住 Option/Alt 键，把一个蒙版从一个图层拖向另外一个图层，可复制蒙版）。为此，请在菜单栏中选择【选择】>【存储选区】，打开【存储选区】对话框。在【存储选区】对话框中，给选区起一个有意义的名字，单击【确定】按钮。在菜单栏中选择【选择】>【载入选区】，打开【载入选区】对话框，在【通道】菜单中，选择先前保存的选区并单击【确定】按钮，可载入该选区。

做好一个选区后，可以继续使用【选择】菜单中的命令或者【选择并遮住】工作区中的控件修改它，如扩展、收缩等，相关内容在本课末尾讲解。

Photoshop 中提供了多种选择方法，但限于篇幅，无法逐一讲解。接下来，我们讲解 Photoshop 中几个最实用的选择方法，比如如何使用各种形状选择工具创建选区。

7.3 使用形状选择工具创建选区

在 Photoshop 中能否取得令人满意的选择结果，很大程度上取决于选择的选择工具或命令是否合适，因此做选择前有必要先花点时间观察一下要选择的区域。如果要选的区域呈现某种形状（如矩形、椭圆，或者含很多直边），就很适合使用形状选择工具做选择。

Photoshop 中常用的形状选择工具有【矩形选框工具】【椭圆选框工具】【多边形套索工具】【钢笔工具】。此外，还可以使用 Photoshop 内置的各种形状工具来创建选区。请注意，这里说的是形状工具，形状工具和形状选择工具是两回事。

在这些形状选择工具中，【矩形选框工具】用起来最简单，先从它讲起。

7.3.1 使用【矩形选框工具】创建选区

在 Photoshop 中，基本的选择工具是【矩形选框工具】和【椭圆选框工具】。当需要选择一个方形区域或圆形区域时，请使用这两个工具。

接下来，我们使用【矩形选框工具】选择挂在墙上的一张照片，然后用另一张照片替换它，感受一下新照片装入相框并挂在墙上的样子。当然，我们也可以遵循相同的步骤，使用【椭圆选框工具】

创建一个圆形选区，然后把照片贴入选区中。

❶ 在 Lightroom 的【图库】模块中，单击照片 lesson07-0001，然后按住 Command/Ctrl 键，单击照片 lesson07-0003，把它们同时选中。

❷ 按快捷键 Command+E/Ctrl+E，在 Photoshop 中分别打开两张照片。此时，Photoshop 中出现两个文档选项卡，每张照片对应一个选项卡。

❸ 在照片 lesson07-0001 中，在菜单栏中选择【选择】>【全部】，或者按快捷键 Command+A/Ctrl+A，选中整个画面，照片四周出现蚂蚁线，如图 7-3 所示。在菜单栏中选择【编辑】>【拷贝】，或者按快捷键 Command+C/Ctrl+C，把所选内容复制到剪贴板中。在菜单栏中选择【选择】>【取消选择】，或者按快捷键 Command+D/Ctrl+D，取消选择，蚂蚁线消失。

图 7-3

❹ 在 Photoshop 工作界面顶部，单击另外一个选项卡，进入照片 lesson07-0003 中。多次按 Command+ 加号 /Ctrl+ 加号，放大照片。按住空格键，拖动画面，直到墙上相框的边缘清晰可见。

❺ 在工具箱中单击【矩形选框工具】（或者按 M 键），把当前工具切换成【矩形选框工具】。在中心相框，单击照片左上角，然后按住鼠标左键，向右下角拖动至照片右下角，释放鼠标左键，如图 7-4 所示。

💡提示 【矩形选框工具】和【椭圆选框工具】位于同一个工作组中，按住 Shift 键，反复按 M 键，可在两个工具之间来回切换。

Photoshop 会从单击的地方启动选择，并沿着拖动方向扩大选择，直到释放鼠标左键。在按住鼠标左键拖选的过程中，按住空格键，可在照片画面中自由移动选框。通过这样操作，我们可以把选框轻松地移动到指定位置。选好目标区域后，释放鼠标左键。在释放鼠标左键后，把鼠标指针移动到选区中，按住鼠标左键拖动，可在画面中自由移动选框。此外，还可以按方向键移动选框。

图 7-4

⑥ 在菜单栏中选择【编辑】>【选择性粘贴】>【贴入】，把前面复制的内容贴入选区。
此时，树林照片出现在一个单独的图层上，同时带有一个选区蒙版（见图 7-5 中红圈）。

图 7-5

⑦ 接下来，调整树林照片尺寸，使其正好填满相框。按快捷键 Command+T/Ctrl+T，进入自由
变换状态。按快捷键 Command+0/Ctrl+0，让 Photoshop 自动调整文档大小，确保自由变换控制框
4 个角上的控制点同时显示出来，如图 7-6 所示。拖动其中一个控制点，调整照片大小，使其恰好填
满相框，如图 7-7 所示。在调整过程中，请根据需要随时放大或缩小文档，确保始终能够看见照片的
4 个角。把鼠标指针移动到自由变换控制框内部，按住鼠标左键拖动，可改变相框内的照片内容。按
Return/Enter 键，应用变换。

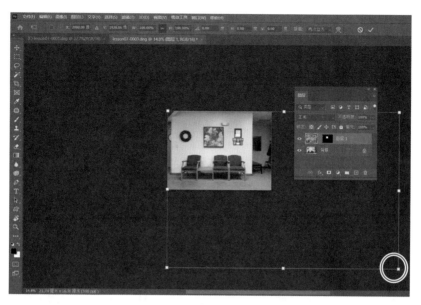

图 7-6

图 7-7

⑧ 相比于墙体，相框内的照片画面亮度有点高，比较显眼。接下来，我们给照片叠加一种灰色，压暗一下画面，使其与周围环境更好地融合。在【图层】面板中，选择树林照片所在的图层，单击底部的【添加图层样式】按钮，在弹出的菜单中选择【颜色叠加】。在【图层样式】对话框中的【颜色叠加】下，单击颜色框，在【拾色器】对话框的右下角输入383838，单击【确定】按钮，返回【图层样式】对话框。在【颜色叠加】下，把【混合模式】设置为【变暗】,【不透明度】设置为17%。单击【确定】按钮，把灰色叠加到画面中，照片画面变暗了一些，与周围环境更融合了，看上去也更加真实、自然了，如图7-8所示。

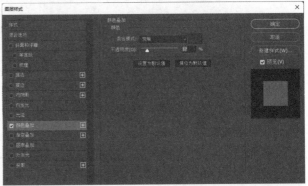

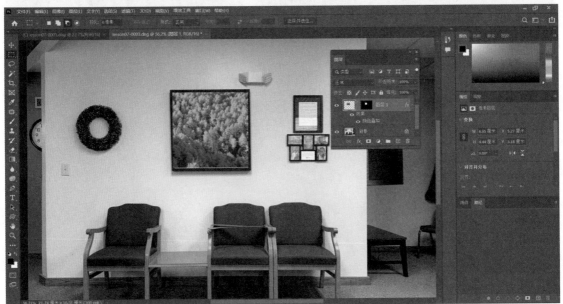

图 7-8

⑨ 在菜单栏中选择【文件】>【存储】(或者按快捷键 Command+S/Ctrl+S)，保存修改后的文档，然后在菜单栏中选择【文件】>【关闭】，关闭文档。再关闭另一个包含树林照片的文档。

将编辑好的照片和原始照片保存在同一个文件夹下，而且其在 Lightroom 中是以 PSD 格式存在的。在 Lightroom 的【筛选视图】下，可同时看到两张照片，左侧是修改后的照片，右侧是原始照片，如

图 7-9 所示。

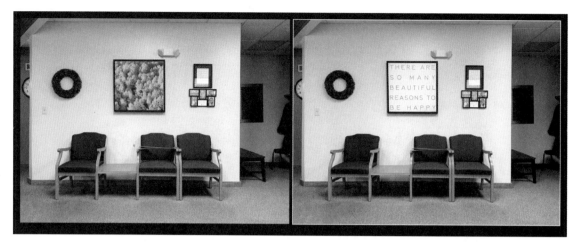

图 7-9

接下来，我们会使用不同的选择工具把一张照片贴到计算机的屏幕上，同时调整透视关系。

7.3.2 使用【多边形套索工具】创建选区

【矩形选框工具】是创建四边形选区非常好的工具，但遗憾的是，我们要选择的对象并非都是四边形的。当我们选择一个边缘由很多条直线段组成的对象时，【多边形套索工具】是更好的选择。

创建多边形选区

> 💡 注意　此外，还可以使用【钢笔工具】创建多边形选区（直边选区），但【钢笔工具】学起来有一些难度。使用【钢笔工具】能够绘出非常精确的选区，但是需要勤加练习才能掌握其用法。正因如此，本书建议大家多使用【多边形套索工具】这种用起来相对简单的工具来创建多边形选区。

下面我们尝试使用【多边形套索工具】创建一个多边形选区，把一张照片贴到计算机屏幕上。

① 在 Lightroom 的【图库】模块下，单击照片 lesson07-0006，按 D 键，进入【修改照片】模块。根据你的喜好，调整照片，然后在菜单栏中选择【照片】>【在应用程序中编辑】>【在 Adobe Photoshop 2022 中编辑】。进入 Photoshop 后，使用【缩放工具】放大照片，然后按住空格键，拖动画面，直到能够同时看见计算机屏幕的 4 个角。

② 按快捷键 Shift+L，把当前工具切换成【多边形套索工具】，或者在工具箱中按住【套索工具】组，然后在弹出的工具列表中选择【多边形套索工具】，如图 7-10 所示。

③ 单击计算机屏幕的一个角，然后移动鼠标指针到下一个角并单击。此时，Photoshop 会在两点之间画一条细线。绕着屏幕，沿同一个方向移动鼠标指针，依次单击另外两个角，如图 7-11 所示。在这个过程中，当我们移动鼠标指针时，始终会有一条线把上一个单击位置和当前鼠标指针所在的位置连接在一起。如果想删除某个点（单击位置），只需按 Delete/Backspace 键即可。在创建多边形选区的过程中，按 Esc 键，可删除所有点。

图 7-10

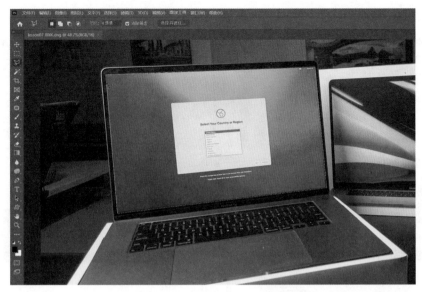

图 7-11

④ 当绕回到起点时，鼠标指针的右下角会出现一个小圆圈，如图 7-12 所示。此时单击，Photoshop 会封闭多边形，并将其转换成一个选区。单击起点，多边形选区就创建好了。

> 💡 提示　如果需要移动整条路径，请按住 Command/Ctrl 键并单击路径，等 4 个角点都变成实心的，然后将路径拖到目标位置。

图 7-12

⑤ 返回 Lightroom，选择照片 lesson07-0004。在菜单栏中选择【照片】>【在应用程序中编辑】>【在 Adobe Photoshop 2022 中编辑】，如图 7-13 所示。

图 7-13

6 在 Photoshop 中，按快捷键 Command+A/Ctrl+A，全选照片，然后按快捷键 Command+C/Ctrl+C，将其复制到剪贴板中，如图 7-14 所示。

图 7-14

7 返回到计算机照片中，在菜单栏中选择【编辑】>【选择性粘贴】>【贴入】，此时人物照片单独出现在一个图层上，而且带有一个蒙版。

8 按快捷键 Command+T/Ctrl+T，进入自由变换状态，然后按快捷键 Command+0/Ctrl+0，确保同时看到自由变换控制框 4 个角上的控制点，如图 7-15 所示。向内拖动各个控制点，调整照片大小，使其略微比显示器大一点，方便下一步对照片做一些扭曲来修复透视关系。请注意，暂时先不要应用变换。

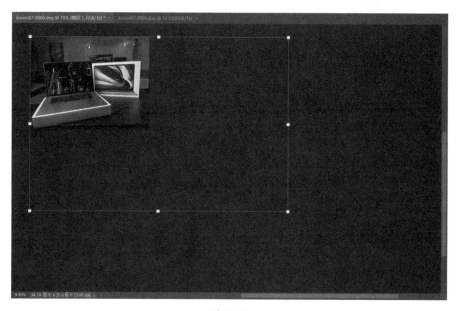

图 7-15

⑨ 在自由变换控制框内单击鼠标右键，在弹出的快捷菜单中选择【扭曲】，如图 7-16 所示。依次单击自由变换控制框 4 个角上的控制点，分别向内朝着屏幕最近的一个角拖动，确保它们紧贴屏幕的 4 个角，如图 7-17 所示。按 Return/Enter 键，应用变换。

图 7-16

图 7-17

⑩ 在 Photoshop 中保存文件，关闭文档。然后，把包含人物照片的文档也关闭。关闭过程中，若弹出对话框，询问是否保存更改，请单击【否】。

最终结果如图 7-18 所示。如我们所见，上面介绍的方法很适合用来替换屏幕内容和挂在墙上的照片。我经常使用上面的方法把自己创作的作品分享出去。当然，也可以使用这种方法替换画面中的某些内容，做一些照片合成方面的工作。

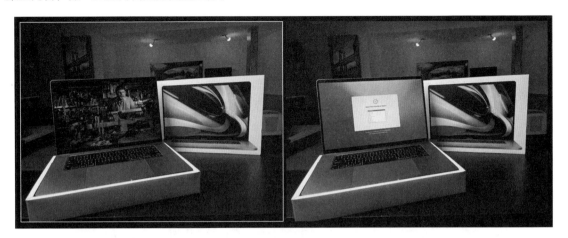

图 7-18

7.3.3　使用【套索工具】添加选区和减去选区

Photoshop 提供的各种选择工具中应用了一些先进的 AI 技术，在选择对象方面的表现令人惊艳。因此，大部分人在使用 Photoshop 做选择时只使用这一套工具就够了。

但是，需要注意的是，即便有 AI 技术的加持，在使用这些选择工具做选择时，有时也无法做到100% 的准确。在 Photoshop 中使用选择工具得到选区后，往往需要我们手动地添加选区或减去选区，才能使选区更准确。下面我们学习一下如何使用【套索工具】来添加选区和减去选区。

❶ 在 Photoshop 中，在菜单栏中选择【文件】>【新建】，打开【新建文档】对话框。在【新建文档】对话框中的【打印】选项卡下，选择【美国信纸】。把页面【方向】设置为【横向】，【背景内容】设置为【黑色】，单击【创建】按钮，如图 7-19 所示。

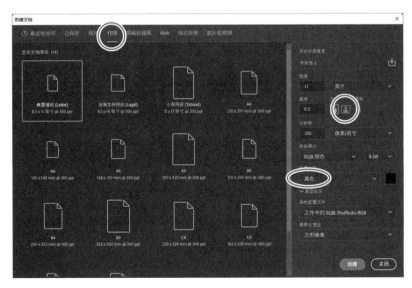

图 7-19

这里，我们不会处理任何照片。把背景设置成黑色有助于创建选区时观察选区的蚂蚁线。首先，我们创建一个矩形选区，然后向其添加选区或者减去选区，最终会得到一个形状不规则的选区。

❷ 按 M 键，把当前工具切换为【矩形选框工具】，绘制一个矩形选区，如图 7-20 所示。

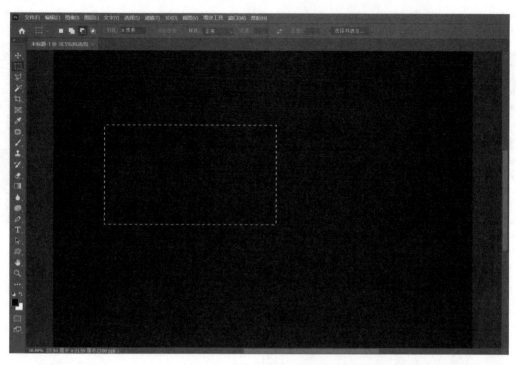

图 7-20

【矩形选框工具】的选项栏如图 7-21 所示，从左到右有如下几个创建选区的模式。

- 【新选区】：在该模式下，每次使用选择工具绘制选区时，Photoshop 都会新建一个选区，同时取消现有选区。

- 【添加到选区】：在该模式下，每次使用选择工具绘制选区时，Photoshop 会把

图 7-21

新选区和现有选区合并。若新绘制的选区完全位于现有选区内部，则现有选区不会发生任何变化。

- 【从选区减去】：在该模式下，每次使用选择工具绘制选区时，Photoshop 会从现有选区中减去新选区，剩下的选区即最终选区，前提是两个选区有交叉。若新选区与现有选区没有交叉，即完全位于现有选区外部，则现有选区保持不变。

- 【与选区交叉】：在该模式下，每次使用选择工具绘制选区时，Photoshop 会把两个选区的重叠区域（交叉区域）保留下来作为最终选区。

在选项栏中，单击这几个按钮，可切换到相应模式。当然，还可以配合使用相应的修饰键来切换模式，按住 Shift 键，可临时切换成【添加到选区】模式；按住 Option/Alt 键，可临时切换成【从选区减去】模式；按住 Option+Shift/Alt+Shift 键，可临时切换成【与选区交叉】模式。这里，只介绍【添加到选区】和【从选区减去】两种模式。

③ 按快捷键 Shift+M，把当前工具切换成【椭圆选框工具】。按住 Shift 键，绘制出一个圆形，使其与矩形选区有部分重叠，如图 7-22 所示。此时，Photoshop 会把圆形选区添加到矩形选区中。

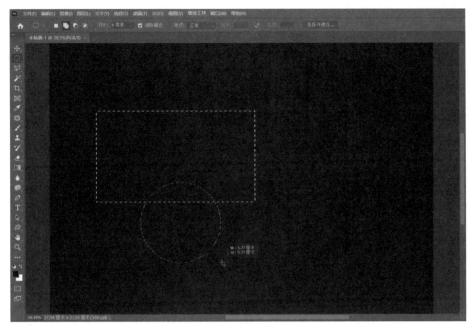

图 7-22

④ 按快捷键 Shift+L，把当前工具切换成【套索工具】。按住 Shift 键，在矩形选区右侧绘制一朵云，使两者有部分重叠，如图 7-23 所示。绘制完成后，Photoshop 会把矩形右侧的云朵区域添加到矩形选区中。

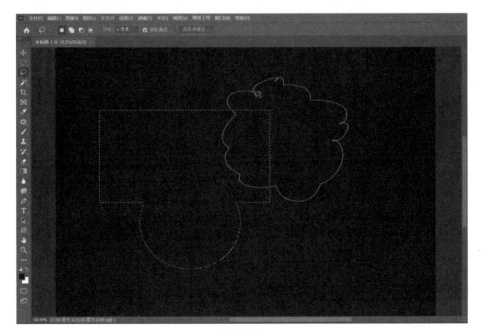

图 7-23

⑤ 按住 Option/Alt 键，在现有选区下方绘制一个不规则形状，使它们有一部分重叠，如图 7-24

所示。释放鼠标左键后，Photoshop 就会把不规则形状从现有选区中减去。

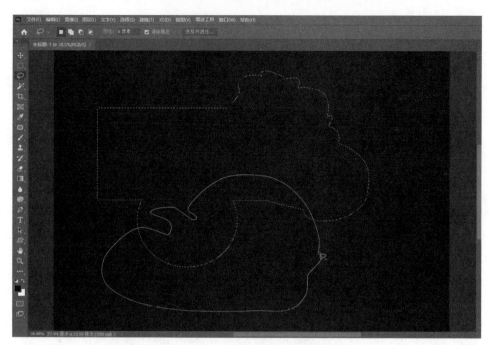

图 7-24

❻ 切换回【矩形选框工具】。按住 Option/Alt 键，在现有选区右半部分绘制出一个大矩形，左端只剩下一个小矩形，其位于大矩形选区外部，如图 7-25 所示。

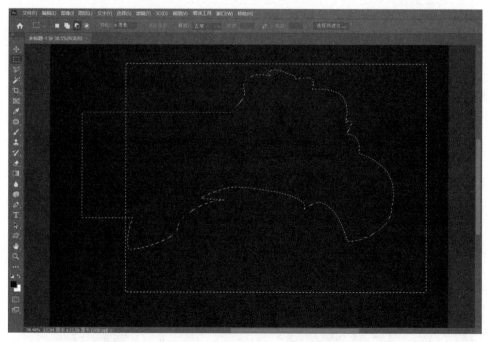

图 7-25

❼ 此时画布上只剩下一个小小的矩形选区，其他选区都去除了，如图 7-26 所示。最后，在菜单栏中选择【文件】>【关闭】，关闭文档，不做保存。

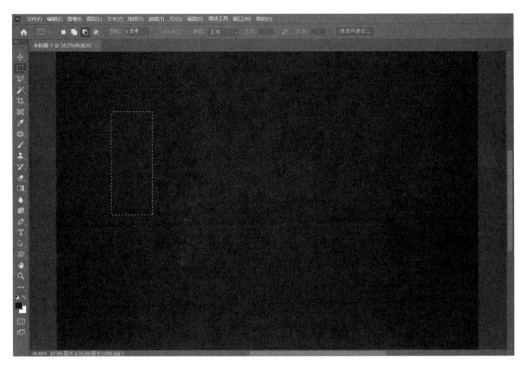

图 7-26

　　不管选择什么，使用融入了 AI 技术的选择工具都能快速地帮助我们完成大部分的选择工作（见图 7-27 中的杯子和碟子），而且我们可以使用 AI 技术对选择结果做进一步调整。在 Photoshop 中，将套索工具和各种形状选择工具与【添加到选区】和【从选区减去】等模式结合起来使用，照样能够得到很不错的选择结果。当然，把这些基本选择工具和智能选择工具结合起来使用，得到的结果往往会更好，比如，在图 7-27 中，我们就在 AI 选择的基础上使用套索工具进一步地调整选区，使其更准确、完美。在实际工作中，强烈建议把基本选择工具和智能选择工具结合起来使用，以提高工作效率，节省大量时间。

图 7-27

7.4 使用【主体】命令

【选择】菜单中的【主体】是 Photoshop 中第一个 AI 自动选择工具。使用该命令时，Photoshop 会调用 AI 技术分析照片，猜测照片中的主体，然后将其选出来。虽然有时会出现一些问题，但总归能给我们节省不少时间。

下面我们尝试使用【主体】命令把照片中的主体选出来。然后创建蒙版，调整主体大小，换一个背景。

❶ 在 Lightroom 的【图库】模块下，单击照片 lesson07-0013。然后按住 Command/Ctrl 键，单击照片 lesson07-0014，将其一同选中。使用鼠标右键单击其中一张照片，在弹出的快捷菜单中选择【在应用程序中编辑】>【在 Photoshop 中作为图层打开】。此时，两张照片在 Photoshop 中打开，它们在同一个文档中，但位于不同的图层上，如图 7-28 所示。

❷ 在【图层】面板中，选择人物照片所在的图层。然后，在菜单栏中选择【选择】>【主体】，如图 7-29 所示。Photoshop 会在自动分析照片，然后选出照片中的人物。

图 7-28

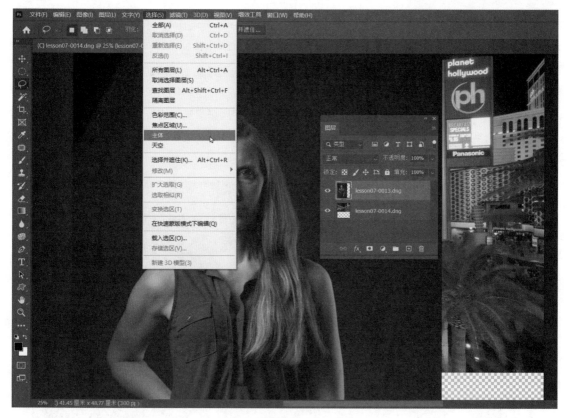

图 7-29

❸ 在【图层】面板底部，单击【添加图层蒙版】按钮，把人物照片的背景隐藏起来，只显露人物本身，如图 7-30 所示。

图 7-30

④ 我们把人物图层转换成智能对象，这样裁剪时才不会损害到人物。单击【图层】面板右上角 3 条杠的图标，打开面板菜单，从中选择【转换为智能对象】。

⑤ 由于人物是竖拍的，而要使用的背景是横拍的，所以我们需要把人物照片裁剪一下。按 C 键，切换成【裁剪工具】，然后根据背景图片裁剪人物，如图 7-31 所示。

图 7-31

❻ 我们把人物缩小一点，让人物在背景图片中多显露一些。按快捷键 Command+T/Ctrl+T，进入自由变换状态。然后，按快捷键 Command+0/Ctrl+0，确保能够看见整个自由变换控制框，向内拖动一个角上的控制点，直到人物大小合适，如图 7-32 所示。按 Return/Enter 键，应用变换。到这里，一个简单的照片合成就完成了，如图 7-33 所示。

图 7-32

图 7-33

收缩选区和蒙版

在 Photoshop 中做出一个选区并添加图层蒙版后，可能会遇到"边缘光晕"问题，就是想隐藏背景的一小部分，却发现怎么也做不到。由于存在"边缘光晕"，合成的天空看上去会很假，而且当把其他内容合成到你的野炊现场时，别人一看就会发现是假的。下面给出几种解决办法。

- 收缩选区：进入【选择并遮住】工作区，向左拖动【移动边缘】滑块，或者在菜单栏中选择【选择】>【修改】>【收缩】命令（使用该命令时无法预览）。请在选区蚂蚁线存在的状态下（也就是在应用图层蒙版隐藏背景之前）使用该方法。

- 向图层蒙版应用【最小值】滤镜：向选区应用了图层蒙版后，激活蒙版，在菜单栏中选择【滤镜】>【其他】>【最小值】，打开【最小值】对话框，在【最小值】对话框中，从【保留】菜单中选择【圆度】，然后缓慢向右拖动【半径】滑块，收缩选区。

其他解决办法还有：【图层】>【修边】>【去边】和【图层】>【修边】>【移去黑色杂边】或【移去白色杂边】。但是，这几个命令对图层蒙版或活动选区不起作用。只有物理删除像素或者将选定区域复制到新图层后，才能使用它们。

7.5 使用【对象选择工具】

Photoshop 中另外一个应用了 AI 技术的工具是【对象选择工具】，在 AI 技术的加持下，这个选择工具变得异常强大。切换成【对象选择工具】后，把鼠标指针移动到画面中，AI 会自动判断想选择的对象。单击想要选择的对象后，AI 会自动创建选区，将其选出来。当按住鼠标左键，在某个区域中拖动时，【对象选择工具】会根据蚂蚁线围住的区域判断想要选择的对象。下面我们花一些时间具体了解一下应该如何使用这个工具。

❶ 在 Lightroom 中，选择照片 lesson07-0006。然后按住 Shift 键，选择 lesson07-012。此时，两张照片之间的所有照片都会被选中。按住 Command/Ctrl 键，单击照片 lesson07-0003，将其也添加到选集中。当前选中的照片共有 8 张，如图 7-34 所示。在菜单栏中选择【照片】>【在应用程序中编辑】>【在 Adobe Photoshop 2022 中编辑】。

图 7-34

提示 按住Shift键，不断按W键，可循环切换【魔棒】工具组下的各个工具。当选中【对象选择工具】后，释放 Shift 键。

②按W键，或者在【工具】面板中打开【魔棒】工具组，把当前工具切换成【对象选择工具】。然后，把鼠标指针移动到各张照片上，看看【对象选择工具】都把照片中的哪些部分当成选择的对象，如图 7-35 所示。单击某个蓝色区域，它会立刻变成一个选区，按快捷键 Command+D/Ctrl+D，取消选区。在摩托车照片中，当把鼠标指针放到人物上时，AI 会把人物识别成你想要选择的对象；而当把鼠标指针放到摩托车上时，AI 会把摩托车识别成你想要选择的对象。如果想同时选择两个对象，请绘制出一个选框，把两个对象都包含在内。关闭所有照片，不保存修改。

图 7-35

③同时选中 lesson07-0011 与 lesson07-0012 两张照片。使用鼠标右键单击其中一张照片，在弹出的快捷菜单中选择【在应用程序中编辑】>【在 Photoshop 中作为图层打开】，如图 7-36 所示。

图 7-36

④ 使用【对象选择工具】，按住鼠标左键，在画面中绘制一个矩形选框，框住人物和摩托车，把它们同时选出来，如图 7-37 所示。在【图层】面板底部，单击【添加图层蒙版】按钮。

图 7-37

⑤ 按快捷键 Command+T/Ctrl+T，进入自由变换状态。移动鼠标指针到自由变换控制框内，按住鼠标左键，把人物和摩托车拖动到合适的位置上，拖动控制点，把人物和摩托车调整到合适的大小。这里把摩托车往下拖，使其轮子超出画面底部，这样摩托车看起来离相机更近一些，而且隐藏了

合成的痕迹，如图 7-38 所示。

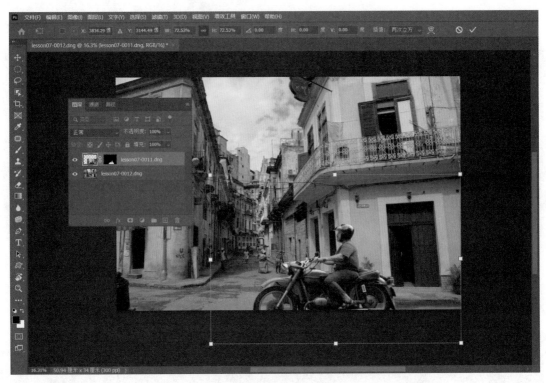

图 7-38

❻ 与背景相比，摩托车略微暗了一些，需要提高一点亮度。按住 Option/Alt 键，在【图层】面板底部的【创建新的填充或调整图层】按钮上按住鼠标右键并保持住，弹出菜单，移动鼠标指针到【曲线】上，如图 7-39 所示，释放鼠标右键。在【新建图层】对话框中，勾选【使用前一图层创建剪贴蒙版】。单击【确定】按钮。

图 7-39

⑦ 在曲线【属性】面板中，把鼠标指针移动到中心区域中斜线的中点上，按住鼠标左键，向上拖一点，把摩托车提亮一点，如图 7-40 所示。由于创建了剪贴蒙版，提亮只影响摩托车和人，不会影响背景。调整完成后，保存并关闭文档，返回 Lightroom。

图 7-40

7.6 使用【选择并遮住】工作区选择人物头发

💡提示 【选择并遮住】工作区不只用来抠头发。只要当前是某个选择工具，而且画面中有蚂蚁线，选项栏中就会显示出【选择并遮住】按钮，单击它，即可进入【选择并遮住】工作区，使用其提供的各种工具，可进一步调整选区。

在 Photoshop 中处理照片时，毛发和带有柔和边缘的对象是最难选的。为帮助我们选择这些对象，Photoshop 专门提供了【选择并遮住】（以前叫【优化边缘】）工作区。在【选择并遮住】工作区中，集成了一些选择和边缘调整工具，这些工具原本散落在【工具】面板和各种菜单中。而且，甚至可以在【选择并遮住】工作区中从零开始创建选区，它提供了【快速选择工具】和【套索工具】，我们可以使用这两个工具自由地绘制选区。

这个工作区的独特之处在于，可以实时预览到更新后的结果，方便我们根据结果及时做出相应调整。此外，【选择并遮住】工作区中还提供了 7 种选区视图，分别是洋葱皮（可显示出当前图层下的图层）、闪烁虚线（蚂蚁线）、叠加（等同于【快速蒙版】模式下的红色叠加）、黑底、白底、黑白（显示蒙版本身）、图层。

不过，需要注意的是，【选择并遮住】工作区并不是万能的。只有人物头发和背景形成强烈对比，才能得到令人满意的选择结果。当照片背景是纯色背景时，利用【选择并遮住】工作区可以取得非常不错的选择结果。

接下来，我们学习一下如何使用【选择并遮住】工作区把人物从背景中抠出来，然后合成到另外一个背景中。

❶ 在 Lightroom 的【图库】模块下，选择照片 lesson07-0015，如图 7-41 所示，然后在菜单栏中选择【照片】>【在应用程序中编辑】>【在 Adobe Photoshop 2022 中编辑】。

图 7-41

❷ 打开【库】面板，单击【新建库】按钮，新建一个名为 LPCIB 的库。这样，我们可以把用到的所有图像都保存在一起。

❸ 在【库】面板顶部，单击搜索框右侧的下拉按钮，在打开的下拉列表中选择【Adobe Stock】。这样，我们就可以直接在 Photoshop 中搜索 Adobe Stock 网站中的资源了。

❹ 在搜索框中，输入 Futuristic Spacecraft Control，按 Return/Enter 键。向下滚动，找到一张飞船控制台的照片，然后单击加号（+），把预览图保存到计算机的 LPCIB 库中。预览图有水印，但并不影响用来给大家做示范。

❺ 把预览图从【库】面板拖入【图层】面板中，按 Return/Enter 键。单击【背景】图层右侧的锁头图标，将其解锁，转换成【图层 0】。然后，把【图层 0】移动到新背景图层的上方，如图 7-42 所示。

❻ 使用【对象选择工具】绘制出一个矩形选框，把人物框住，如图 7-43 所示。释放鼠标左键后，人物周围就出现了蚂蚁线，形成了一个选区。

图 7-42

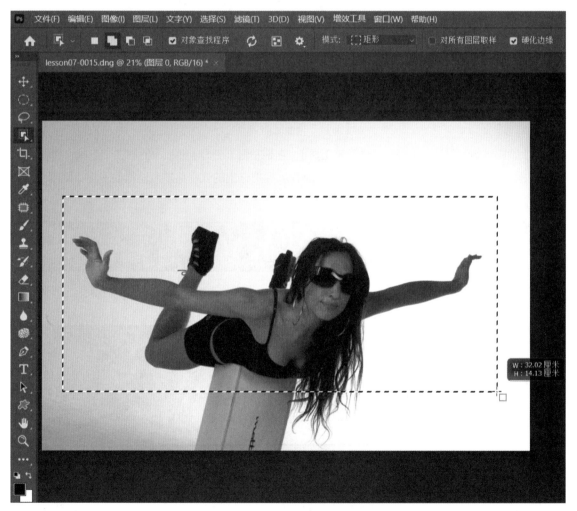

图 7-43

💡 **注意** 若使用【选择】>【主体】命令选择人物，则有可能会把人物连同下方的箱子一起选出来。而使用【对象选择工具】选择人物时，我们可以通过绘制选区的方式来帮助软件更准确地确定画面中的主体。

⑦ 在菜单栏中选择【选择】>【选择并遮住】，进入【选择并遮住】工作区。在【视图】菜单中选择【图层】，在人物背后显示出新背景，如图 7-44 所示。

图 7-44

⑧ 确保当前使用的是【调整边缘画笔工具】，它是左侧【工具】面板中的第二个工具，如图 7-45 所示，围绕人物，涂抹身体边缘。此时，Photoshop 会把选出的人物头发清理得很干净。使用更细一点的画笔涂抹头发边缘，选择结果会变得更好。

图 7-45

提示 在 macOS 下，按住 Control+Option 键，向左或向右拖动鼠标，可改变画笔大小；向上或向下拖动鼠标，可改变画笔硬度。在 Windows 系统下，按住 Alt 键，按住鼠标右键，左右拖动或上下拖动鼠标，可改变画笔大小。

⑨ 在抗锯齿作用下，人物周围会出现一条白色细线，我们可以在【输出设置】区域中把白色细线快速去除。在【输出设置】区域中，勾选【净化颜色】，可以消除颜色溢出的问题，进一步收缩选区；拖动【数量】滑块，调整【净化颜色】效果的强度；单击【确定】按钮，如图 7-46 所示。

⑩ 这样，人物就被抠出来了，抠像效果还不错，但是人物和背景颜色差别太大，需要做一下调整，如图 7-47 所示。调整时，完全可以使用【图像】>【调整】下的各种命令来匹配两张照片，但这里我们尝试使用 Photoshop 的 Neural Filters 滤镜来快速地解决一下这个问题。在【图层】面板中，把原始人物图层拖动到面板底部的垃圾桶图标上，将其删除，然后单击人物图层的缩览图（非图层蒙版），在菜单栏中选择【滤镜】>【Neural Filters】，进入【Neural Filters】工作区中。

图 7-46

图 7-47

⑪ 在【Neural Filters】工作区的【BETA】区域下，下载并激活【协调】滤镜。在【参考图像】区域中，选择背景图像。拖动各个滑块，调整颜色，使人物与背景匹配，然后单击【确定】按钮，如图 7-48 所示。

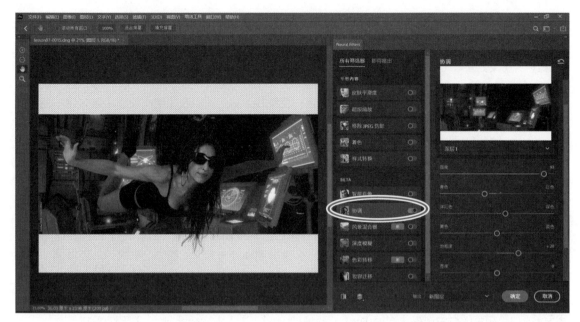

图 7-48

⑫ 调整好颜色后，把画面中某个设备的屏幕贴到眼镜片上，形成镜片反光。首先，在【图层】面板中，单击【图层 0 拷贝】左侧的眼睛图标，将其隐藏，并将其拖动到背景图层下方。然后，选择背景图层，使用【对象选择工具】选择画面中某个设备的屏幕。根据实际情况，使用【移动工具】向左移动人物，使其远离设备屏幕，做完后，再往后移动一下，如图 7-49 所示。

图 7-49

⑬ 按快捷键 Command+C/Ctrl+C，复制设备屏幕，然后在【图层】面板顶层，新建一个空白图层。使用【套索工具】把左侧眼镜片大致选出来，如图 7-50 所示。

图 7-50

⓮ 在菜单栏中选择【编辑】>【选择性粘贴】>【贴入】，把设备屏幕副本贴入所选的镜片选区中。然后，按快捷键 Command+T/Ctrl+T，进入自由变换状态。按住 Command/Ctrl 键，单击控制框某个角上的控制点，拖动控制点，调整屏幕形状，直到合适，如图 7-51 所示。调整好屏幕形状后，按 Return/Enter 键，应用变换。

图 7-51

⓯ 把图层不透明度降为 23%，让屏幕反光看上去更真实、自然，如图 7-52 所示。

使用【图库】面板管理资源的好处是，一旦客户同意了你的设计，就不必再去花大量时间重新处理照片。只要在【库】面板中找到照片，使用鼠标右键单击该照片，选择【License image】即可。

购买完成后，Photoshop 就会使用高清大图替换掉之前在创作中使用的预览图。而且，还可以把购买到的高清大图用在其他 Adobe 软件中。

⓰ 在 Photoshop 中保存与关闭文件后，回到 Lightroom 中，继续对照片做一些调整。这里使用【颜色分级】面板对画面做了一些调整，让图像色调变得柔和了一些，如图 7-53 所示。

在 Photoshop 中实现同一种效果的方法有很多种，从中选择一种适合你的方法就好。

图 7-52

图 7-53

7.7　综合案例：调整宠物照片

　　我们希望自己拍的每张照片都能与安塞尔·亚当斯（Ansel Adams）拍的照片媲美，但这只是美好的愿望，大多数时候我们还是需要使用 Photoshop 调整一下照片才行。之前，我给我的宠物迪克西（Dixie）拍了一张照片，照片中它很乖地趴着，但背景看起来有点不和谐。接下来，我们综合运用前面学过的知识与技能，把照片背景调整一下。

　　❶ 在 Lightroom 的【修改照片】模块下，在胶片窗格中选择照片 lesson07-0010。使用鼠标右键单击画面，在弹出的快捷菜单中选择【在应用程序中编辑】>【在 Adobe Photoshop 2022 中编辑】，如图 7-54 所示。

　　❷ 画面右上角有一块区域是栅栏（位于灌木丛右侧），使用【矩形选框工具】将其选出来。按住 Shift 键，使用【矩形选框工具】把左侧的栅栏（位于灌木丛之间）也选出来，如图 7-55 所示。

图 7-54

图 7-55

❸ 在菜单栏中选择【编辑】>【填充】,在【填充】对话框中,在【内容】菜单中选择【内容识别】,单击【确定】按钮,如图 7-56 所示。

❹ Photoshop 会根据自己的判断自动填充这些区域。因为这是一个自动填充的过程,所以最终填充结果可能不理想。别怕!遇到这种情况时,请尝试把选区改小一些,然后填充。当填充结果令你满意后,按快捷键 Command+D/Ctrl+D,取消选区,如图 7-57 所示。

图 7-56

图 7-57

⑤ 单击【背景】图层的锁头图标，解锁图层，然后按快捷键 Command+T/Ctrl+T，进入自由变换状态。在选项栏右侧，单击【变形】按钮。此时，画面中出现一些蓝线和控制手柄，用来对照片进行变形。单击右侧中间的控制手柄，向下拖动，把砖块的扭曲校正过来，如图 7-58 所示。按 Return/Enter 键，应用变形。

图 7-58

6 在 Photoshop 中，保存并关闭文件，然后返回 Lightroom。在 Lightroom 中，添加一个【选择主体】蒙版，然后把蒙版反相，压暗背景。这里，我把【曝光度】设置为 -0.55，【对比度】设置为 38。在【选择主体】面板的右下角，单击【关闭】按钮，退出蒙版，如图 7-59 所示。

图 7-59

7 按 N 键，在【筛选】视图下，同时打开两张照片，如图 7-60 所示。比较两张照片，可以发现一点小小的改动就给画面带来了很大的变化。

图 7-60

7.8　复习题

1. 在 Photoshop 中，创建多边形选区的最佳方法是什么？
2. 在 Photoshop 中使用某个选择工具时，切换到【添加到选区】模式的快捷键是什么？
3. 在 Photoshop 中使用某个选择工具时，切换到【从选区减去】模式的快捷键是什么？
4. 向某个带选区的图层添加图层蒙版时会发生什么？
5. 抠头发或绒毛的最佳方法是什么？
6. 在 Photoshop 中统一（匹配）两张照片颜色和色调最简单的方法是什么？

7.9　答案

1. 在 Photoshop 中，创建多边形选区的最佳方法是使用【多边形套索工具】。
2. 在 Photoshop 中使用某个选择工具时，按住 Shift 键，可快速切换到【添加到选区】模式。
3. 在 Photoshop 中使用某个选择工具时，按住 Alt/Option 键，可快速切换到【从选区减去】模式。
4. 向带选区的图层添加图层蒙版后，图层蒙版会隐藏掉选区之外的部分，这样只能看见选区中的内容。
5. 抠头发或绒毛时，最好使用【选择并遮住】工作区，因为使用它可以选择部分透明的像素。
6. 在菜单栏中选择【滤镜】>【Neural Filters】，进入【Neural Filters】工作区，然后选择【协调】，不断调整各个颜色滑块，直到两个图层的颜色和色调统一。

使用 Photoshop 修饰照片

课程概览

　　Photoshop 以其强大的照片修饰能力闻名，使用它几乎可以做任何关于修饰照片的事情，包括修饰人像、大幅移除画面内容，以及挪移画面元素等。当希望大幅修改照片，并且 Lightroom 已经无法满足你的需要时，可以把照片发送到 Photoshop 中，使用 Photoshop 中各种强大的工具来修改照片。

　　本课学习如下内容。

- 使用【污点修复画笔工具】【修复画笔工具】【仿制图章工具】【修补工具】移除对象。
- 使用【内容识别填充】工作区移除对象。
- 使用【内容识别缩放】命令调整照片大小。
- 人像磨皮与质感保留。
- 使用【液化】滤镜调整人物。

学习本课需要 **1~1.5** 小时

当希望大幅修改照片内容时，就需要把照片发送到 Photoshop 中，使用 Photoshop 各种强大的修饰工具和功能来修改照片。本课我们主要学习如何在 Photoshop 中使用相关工具给人物皮肤磨皮、调整人物身材和面部特征等。

8.1 课前准备

学习本课内容之前，请先做好如下一些准备工作。

请注意，如果你已经按照本书前言"创建 Lightroom 目录"中的说明，创建好了 LPCIB 文件夹和 LPCIB Catalog 目录文件，下载本课课程文件并放入 LPCIB\Lessons 文件夹中，请直接跳到第 3 步。

❶ 在计算机中创建一个名为 LPCIB 的文件夹，然后在其中创建 Lessons 文件夹，并把本课课程文件放入其中。

❷ 参考前言"创建 Lightroom 目录"中的说明，在 LPCIB 文件夹下创建 LPCIB Catalog.lrcat 目录文件（该文件位于 LPCIB\LPCIB Catalog 文件夹中）。

❸ 启动 Lightroom，在菜单栏中选择【文件】>【打开目录】，找到之前创建的 LPCIB Catalog 目录，将其打开。或者，在菜单栏中选择【文件】>【打开最近使用的目录】>【LPCIB Catalog.lrcat】，将其打开。

❹ 参考 1.3.3 小节中介绍的方法，把本课用到的照片导入 LPCIB Catalog 目录中。

❺ 在【图库】模块的【文件夹】面板中，选择 lesson08 文件夹。

❻ 在【收藏夹】面板中，新建一个名为 Lesson 08 Images 的收藏夹，然后把 lesson08 文件夹中的照片添加到其中。

❼ 在预览区域下方的工具栏中，把【排序依据】设置为【文件名】，如图 8-1 所示。

图 8-1

💡提示　在把照片发送到 Photoshop 中做修饰前，请先在 Lightroom 中调整好每张照片的色调和颜色。在 Photoshop 中做完修饰后，再回到 Lightroom 中做一些收尾工作，如添加暗角等。

接下来，我们学习一下如何使用 Photoshop 中的各种工具移除画面中不想要的内容，这里先讲解修复工具。

8.2 移除画面中不想要的内容

在第 4 课中，我们学习了如何在 Lightroom 中使用【污点去除】工具移除照片画面中的一些小东西。相比于 Photoshop，Lightroom 中缺少一些高级的内容感知工具，如果想得到更好的移除效果，尤其是想要移除画面中一些面积较大的对象，把照片发送到 Photoshop 中进行处理会更好。

事实上，Photoshop 提供了许多工具和命令帮助我们从画面中移除一些对象，这些工具和命令有【污点修复画笔工具】【修复画笔工具】【仿制图章工具】【修补工具】【内容识别填充】命令等。这么多工具该怎么选呢？这要看要移除的对象有多大、对象周围有多少空间，以及是否想让 Photoshop 自动将周围的像素与从其他地方复制的像素混合。通常，我们需要综合运用多个工具才能获得满意的结果。

首先，我们学习一下如何使用【污点修复画笔工具】和【修复画笔工具】，这两款工具主要依赖修复技术工作。

8.2.1 使用【污点修复画笔工具】和【修复画笔工具】

在 Photoshop 中，使用【污点修复画笔工具】和【修复画笔工具】可以很轻松地移除画面中的对象。使用这两款工具时，它们都会把复制的像素和周围的像素混合，以使修复效果看起来更自然。【污点修复画笔工具】和【修复画笔工具】有一个重要的区别：前者直接复制画笔光标周围的像素，而后者允许你指定一个取样位置来复制像素。

这里有一张沙漠的照片。接下来，我们综合使用这两个工具修整一下照片中的沙地区域。

> **注意** 告诉【修复画笔工具】从何处复制像素的过程称为设置取样点。按住 Option/Alt 键，单击某一个区域，该区域即被指定为取样点。

❶ 在 Lightroom 的【图库】模块下，选择照片 lesson08-0001，然后在菜单栏中选择【照片】>【在应用程序中编辑】>【在 Adobe Photoshop 2022 中编辑】（或者按快捷键 Command+E/Ctrl+E），将其发送到 Photoshop 中。

❷ 在 Photoshop 中，按快捷键 Shift+Command+N/Shift+Ctrl+N，新建一个图层。在【新建图层】对话框中的【名称】文本框中输入 spot healing，然后单击【确定】按钮。

> **提示** 在 Photoshop 中处理图像时，一方面要维持编辑的灵活性，另一方面也要保护原始图像。为此，我们最好把每次编辑放在一个单独的图层上。

❸ 在【工具】面板中，选择【污点修复画笔工具】，或者按快捷键 Shift+J，直到当前工具变成【污点修复画笔工具】（按住 Shift 键，按某个工作组的快捷键，可在这个工具组下的多个工具之间切换）。

❹ 在选项栏中，将【类型】设为【内容识别】，勾选【对所有图层取样】，其他设置保持默认值不变。

勾选【对所有图层取样】后，Photoshop 会从当前空白图层下方的图层中取样。

⑤ 多次按 Command+ 加号 /Ctrl+ 加号，放大照片。按住空格键，拖动照片画面，定位到画面左下角。

⑥ 移动鼠标指针到某个脚印上。按左中括号（［）键和右中括号（］）键，调整画笔大小，使其略大于想要移除的部分，如图 8-2 所示。

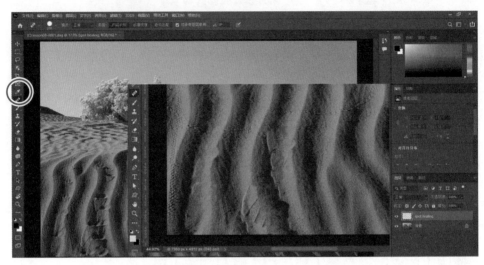

图 8-2

⑦ 单击沙地上的脚印，或者在脚印上拖动，将其移除。移除脚印的过程中，要根据脚印大小随时调整画笔大小。按住空格键，拖动画面，定位到画面左侧，继续移除其中的脚印。

使用【污点修复画笔工具】时，它会自动把画笔附近区域中的像素复制到刷过的区域中，并与周围像素混合。

如果对修复结果不满意，那么在菜单栏中选择【编辑】>【还原污点修复画笔】，或者按快捷键 Command+Z/Ctrl+Z，撤销笔触，然后调整画笔大小，重新尝试。

⑧ 使用【污点修复画笔工具】可以很好地移除画面中的这些小问题，但是在移除面积较大的污点时，使用【污点修复画笔工具】得到的结果就不太理想了。当希望从画面中移除一些面积较大的对象时，可以尝试使用【修复画笔工具】或【修补工具】。接下来，我们使用一下【修复画笔工具】。

按快捷键 Shift+Command+N/Shift+Ctrl+N，新建一个图层。在【新建图层】对话框中，在【名称】文本框中输入 healing brush，然后单击【确定】按钮。

⑨ 在【工具】面板中，选择【修复画笔工具】，它与【污点修复画笔工具】在同一个工具组下。

下面我们尝试使用【修复画笔工具】移除画面中那些面积较大的对象，以及那些使用【污点修复画笔工具】移除无法得到满意结果的对象。

【修复画笔工具】与【污点修复画笔工具】类似，但它需要指定从哪个地方复制像素。

⑩ 在选项栏中，把【模式】设置为【正常】，【源】设置为【取样】，【样本】设置为【所有图层】，不勾选【对齐】，如图 8-3 所示。

不勾选【对齐】时，当释放鼠标左键开始画另一笔时，【修复画笔工具】会从上一个取样点复制像素（前提是未指定新的取样点）。

⑪ 按住 Option/Alt 键，此时鼠标指针变成一个小靶标，单击一块干净的沙地区域，即可将其设置成取样点，然后松开 Option/Alt 键。

图 8-3

⓬ 移动鼠标指针到某个脚印上，按住鼠标左键刷一下，即可将其移除。

拖动鼠标时，我们会看到一个小小的加号（＋），指示当前复制的是哪个地方的像素。

> 💡 提示 处理某些照片时，可能需要不断设置取样点，才能得到真实、自然的移除效果，同时避免出现重复内容。

⓭ 在【图层】面板中，按住 Option/Alt 键，单击【背景】图层左侧的眼睛图标，隐藏【背景】图层上方的所有图层，以便观察画面修复前的样子。按住 Option/Alt 键，再次单击【背景】图层左侧的眼睛图标，可将【背景】图层上方的所有图层显示出来。在菜单栏中选择【文件】>【存储】（或者按快捷键 Command+S/Ctrl+S），保存文件，然后在菜单栏中选择【文件】>【关闭】（或者按快捷键 Command+W/Ctrl+W），关闭文档。

此时，编辑好的照片和原始照片被保存在同一个文件夹下，而且其在 Lightroom 中是以 PSD 格式存在的。调整前和调整后的画面如图 8-4 所示。

图 8-4

如我们所见，修复画笔及其自动混合功能在修复沙子纹理时表现得很好。下面，我们学习如何使用【仿制图章工具】移除画面中的对象，使用该工具时，不会有自动混合。

8.2.2　使用【仿制图章工具】

有时，修复画笔的自动混合功能会在想要保留的像素附近形成一个模糊区域。为避免出现这个问题，可以使用【仿制图章工具】，因为它不带自动混合功能。

例如，在处理一张纯色背景的人像照片时，人物头部周围的乱发将是一个很大的问题。虽然我们可以在 Lightroom 中使用蒙版画笔把它们模糊一下，但效果不好，它们仍然会分散人们的注意力。

使用 Photoshop 中的修复画笔可以移除乱发，但最终也会在保留发束的附近产生模糊区域。这个时候，【仿制图章工具】就派上用场了。【仿制图章工具】不带自动混合功能，它只是单纯地把一个地方的像素复制粘贴到另外一个地方，非常适合用来处理乱发。具体用法如下。

❶ 在 Lightroom 中，选择照片 lesson08-0002。然后在菜单栏中选择【照片】>【在应用程序中编辑】>【在 Adobe Photoshop 2022 中编辑】（或者按快捷键 Command+E/Ctrl+E），将其发送到Photoshop 中。

❷ 前面我们学习了如何使用【污点修复画笔工具】和【修复画笔工具】，请使用其中一个工具移除画面左上角的飞机轨迹。

❸ 按快捷键 Shift+Command+N/Shift+Ctrl+N，新建一个图层。在【新建图层】对话框的【名称】文本框中输入 Clone Stamp，然后单击【确定】按钮。

❹ 多次按 Command+ 加号 /Ctrl+ 加号，放大照片画面。按住空格键，拖动照片画面，直到能看清画面顶部的薄云带。

> 💡 提示　某些情况下，在选项栏中勾选【对齐】，能够得到更好的效果。勾选【对齐】后，移动画笔时，取样点会跟着画笔移动。

❺ 在【工具】面板中，选择【仿制图章工具】。在选项栏中，把【模式】设置为【正常】，【不透明度】设置为 100%，【流量】设置为 22%。勾选【对齐】，把【样本】设置为【所有图层】。

❻ 调整画笔大小，使其略微大于想要移除的云彩区域。接着，设置取样点，告诉 Photoshop 从哪里复制像素。根据想要移除的云彩的颜色和纹理，就近找一块干净的区域，按住 Option/Alt 键并单击，即可设置好取样点，如图 8-5 所示。在想要移除的云彩上刷一下，通常短刷比长刷的效果好一些。

若发现云朵背后的天空在颜色或纹理上发生了明显的变化，请重新设置取样点。按住鼠标左键，涂抹时会出现一个加号，指示当前画笔的取样点。

❼ 不断重复这个过程，直到把天空中的薄云带完全移除。同时，在这个过程中，要不断设置新的取样点。按住空格键并拖动画面，一边查找画面中的问题，一边用【仿制图章工具】解决问题。

❽ 解决完问题后，在菜单栏中选择【文件】>【存储】，然后选择【文件】>【关闭】，关闭文档，返回 Lightroom。

把修改前和修改后的画面放在一起做比较，如图 8-6 所示。如我们所见，使用【仿制图章工具】清理画面后，整个画面变得干净、清爽多了。

下面，我们讲解如何在 Photoshop 中使用【修补工具】移除照片画面中一些面积较大的对象。

图 8-5

图 8-6

8.2.3 使用【修补工具】

　　【修补工具】适合用来移除照片画面中面积较大的对象。与修复画笔一样，【修补工具】也带有自动混合功能，它会把复制的像素和周围的像素混合，而且可以控制纹理和颜色的混合程度。此外，你还可以指定 Photoshop 从什么地方复制像素，特别是当你想移除的对象和想保留的对象彼此靠得很近时，你可以很方便地指定从何处复制像素。

　　移除沙漠中的植被

　　接下来，我们尝试使用【修补工具】移除沙漠照片中的大片植被。

　　❶ 在 Lightroom 中，选择照片 lesson08-0002（前面移除了画面中的薄云带），然后按快捷键 Command+E/Ctrl+E，将其发送到 Photoshop 中。选择【编辑原始文件】，单击【编辑】按钮。

　　❷ 在 Photoshop 中，按快捷键 Shift+Command+N/Shift+Ctrl+N，新建一个图层。在【新建图层】对话框的【名称】文本框中输入 Patch Tool，然后单击【确定】按钮。

③ 多次按 Command+ 加号 /Ctrl+ 加号，放大照片画面。按住空格键，拖动照片画面，直到看见照片右侧画面中的植被。

④ 在【工具】面板中，选择【修补工具】，其与前面用过的修复画笔在同一个工具组下。在选项栏中，把【修补】设置为【内容识别】，【结构】和【颜色】保持默认值，勾选【对所有图层取样】，如图 8-7 所示。

> 💡 注意　在【修补工具】的选项栏中，只有先把【修补】设置成【内容识别】，才会显示出【对所有图层取样】。

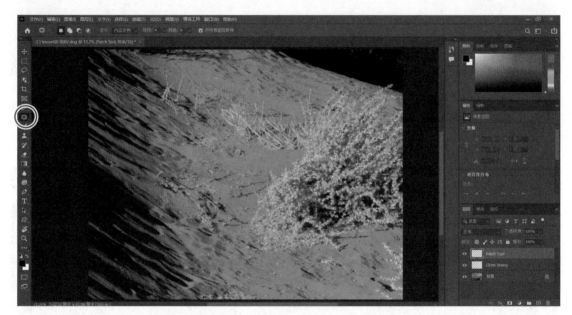

图 8-7

⑤ 把鼠标指针移动到画面右下角，然后把想要移除的大片植被圈出来。请确保选区略大于要移除的内容，否则会留下一条奇怪的轮廓线。

> 💡 提示　使用【修补工具】时，不是一定要手动绘制选区。我们可以先使用任意一个选择工具创建好选区，然后切换成【修补工具】，再拖动选区进行修补。

⑥ 向左拖动选区至植被左侧的一个区域中，Photoshop 会使用这个区域修补植被区域，如图 8-8 所示。

拖动选区时，待移除的植被区域中会显示出当前鼠标指针所指的区域，供你预览修补后的结果。修补过程中，若涉及水平线或垂直线，请确保这些线是对齐的。释放鼠标左键后，Photoshop 会执行修补操作，将修补区域与周围区域混合。修补完成后，不要取消选区！

⑦ 在选项栏中，尝试调整【结构】和【颜色】，使修补变得更自然、真实。这里，把【结构】和【颜色】值设置为 4 和 0。

提高【结构】的数值，保留源区域（从该区域复制像素）更多纹理；反之，则保留源区域更少纹理。增大【颜色】的数值，两个区域之间的颜色混合力度更大；反之，则力度更小。尝试调整这些数值时，请一边调整一边盯着选区，选区中像素会发生变化。

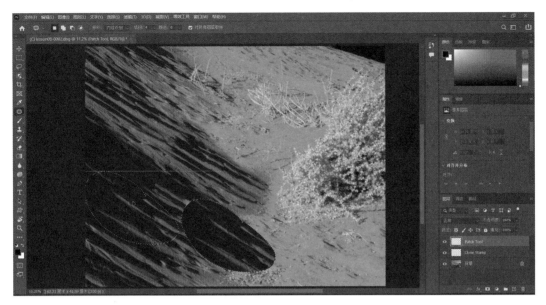

图 8-8

⑧ 当结果令你满意后，在菜单栏中选择【选择】>【取消选择】，或者按快捷键 Command+D/ Ctrl+D，取消选区。

⑨ 修补后，若有不完美的地方，请新建一个图层，然后使用【污点修复画笔工具】或【仿制图章工具】修复一下。这里结合使用【污点修复画笔工具】和【仿制图章工具】来清理画面中的多个区域，以获得更好的结果。

⑩ 在菜单栏中选择【文件】>【存储】（或者按快捷键 Command+S/Ctrl+S），保存文档，然后在菜单栏中选择【文件】>【关闭】（或者按快捷键 Command+W/Ctrl+W），关闭文档。

把修改前和修改后的画面并排放在一起做比较，如图 8-9 所示。如我们所见，使用【修补工具】能够很好地移除沙漠中的大片植被。

图 8-9

8.2.4　使用【内容识别】

当想要移除的对象周围存在大量背景像素时，不妨试一下【内容识别】。与【修补工具】一样，【内容填充】的执行速度快，而且会自动把复制的像素和周围的像素混合。

最初，我们在使用【内容识别】时无法指定 Photoshop 从何处复制像素，这是一个大问题。而现在，Photoshop 专门提供了一个【内容识别填充】工作区，在其中我们可以做更多控制。

在影棚拍摄时，一般都会有几个助手辅助拍摄，这些助手有时会被意外拍进画面中。下面我们尝试使用【内容识别】移除照片画面右侧的助手。

❶ 在 Lightroom 的【图库】模块下，选择照片 lesson08-003，然后在菜单栏中选择【照片】>【在应用程序中编辑】>【在 Adobe Photoshop 2022 中编辑】（或者按快捷键 Command+E/Ctrl+E），将其发送到 Photoshop 中。

❷ 使用【多边形套索工具】（与【套索工具】在同一个工具组中），把画面右侧的助手选出来。使用【多边形套索工具】创建选区时，只要在画面单击即可。每单击一次，就会添加一个点，Photoshop 会自动把这些点连起来。当把所有点连起来后，就会形成一个选区。这里，我们要沿着画面右侧的助手单击，把他选出来。

使用【多边形套索工具】创建选区时，在画面之外单击，Photoshop 同样会把你单击的点连起来，但最后得到的选区会延伸到画面最边缘。如此操作，可确保选区把画面的边缘包含进去。

❸ 沿着画面右侧的助手单击时要在画面之外的地方单击，让选区把画面边缘也包含进去。当靠近起点时，鼠标指针右下角会出现一个小圆圈，此时单击，可封闭路径，同时把路径转换成选区，如图 8-10 所示。

图 8-10

④ 创建好选区后，在菜单栏中选择【编辑】>【填充】（或者按 Delete/Backsapce 键），打开【填充】对话框。在【内容】菜单中选择【内容识别】，勾选【颜色适应】，单击【确定】按钮，如图 8-11 所示。

Photoshop 会从选区之外的地方复制像素并填充到选区中。每次执行这个命令，所得到的结果都不一样。若对填充结果不满意，可以按快捷键 Command+Z/Ctrl+Z 撤销填充，然后再次尝试。

如果对填充结果还是不满意，可以尝试用一下其他选择工具，或者收缩或扩展一下选区，或者双管齐下。使用【多边形套索工具】

图 8-11

创建出大致选区后，可以使用【套索工具】进一步调整选区，使其与要移除的对象的形状更相似。为保证【内容识别】正常工作，在选择要移除的物体时，要在物体边缘外多留出一些像素。

> ♀ **注意** 若当前选中的图层不是背景图层，按快捷键 Shift+Delete/Shift+Backspace，可快速打开【填充】对话框。

⑤ 当对填充结果感到满意后，在菜单栏中选择【选择】>【取消选择】，或者按快捷键 Command+D/Ctrl+D，取消选区，如图 8-12 所示。

图 8-12

⑥ 填充完成后，保存并关闭文档，返回 Lightroom。

8.3 【内容识别填充】工作区和【内容识别缩放】命令

【内容识别】在修复有问题的画面时的确很有用，但有时修复结果不尽如人意，主要原因是我们无法指定取样区域。为了解决这个问题，Photoshop 推出了【内容识别填充】工作区，在这个工作区中，可以指定取样区域。有了它的加持，【内容识别】变得无比强大。

处理图像的过程中，经常需要沿水平方向或垂直方向扩大或缩小图像，这个时候【内容识别缩放】命令就派上大用场了。使用自由变换等工具缩放图像时，往往会导致图像发生变形扭曲。等比例放大图像时，往往又会导致画面质量下降。而使用【内容识别缩放】命令调整图像尺寸时，就不会出现上面两个问题。

8.3.1 使用【内容识别填充】工作区

【内容识别填充】工作区是一个极其强大的工具，它允许我们指定把画面中的哪些区域包含到填充中。但要掌握这个工具，需要多做一些练习。在下面的照片中，我们希望移除画面右下角含植被的区域（不只是植被，还包括植被周围的区域）。

① 在 Lightroom 的【图库】模块下，选择照片 lesson08-002，然后在菜单栏中选择【照片】>【在应用程序中编辑】>【在 Adobe Photoshop 2022 中编辑】（或者按快捷键 Command+E/Ctrl+E），将其发送到 Photoshop 中，如图 8-13 所示。

图 8-13

② 使用【套索工具】把画面右下角的区域选出来。

③ 在菜单栏中选择【编辑】>【填充】，打开【填充】对话框。在【填充】对话框中，在【内容】菜单中选择【内容识别】，勾选【颜色适应】，单击【确定】按钮，如图 8-14 所示。

图 8-14

💡提示　如果对填充结果不满意，可以再次填充，Photoshop 会生成新的填充结果。

我们会发现，Photoshop 使用了不同的画面区域来修复选区，但修复结果并非总是令人满意，在修复区域中，会看到一些天空、一些岩石，还有一些奇怪的颜色。我们希望进一步控制填充区域中出现哪些内容。

当多次使用【内容识别】后，不要多次按快捷键 Command+Z/Ctrl+Z 来逐个撤销，请在菜单栏中选择【文件】>【恢复】，恢复文档。执行【恢复】命令后，照片会恢复到最初从 Lightroom 导入 Photoshop 中的状态，我们在 Photoshop 中对照片做的所有调整都会消失。

④ 在画面右下角，使用【套索工具】把希望移除的区域重新选出来。

⑤ 在菜单栏中选择【编辑】>【内容识别填充】，进入【内容识别填充】工作区。

在【内容识别填充】工作区中，有许多相关工具和面板。

· 画面中出现一个被绿色覆盖的区域，它是默认的取样区域，如图 8-15 所示。在【内容识别填充】工作区的【取样区域叠加】下，调整【不透明度】和【颜色】可控制取样区域的不透明度和颜色。

图 8-15

- 工作界面左侧的【工具】面板中有一个【取样画笔工具】，用来编辑取样区域。使用这支画笔，既可以把一些区域添加到取样区域，也可以从取样区域中减去一些区域。选项栏中有一个圆圈加号图标（添加到叠加区域）和一个圆圈减号图标（从叠加区域中减去），用来设置画笔模式。使用画笔时，按住 Option/Alt 键，可快速在两种模式之间切换。

- 左侧【工具】面板中还有一个【套索工具】，用于编辑填充区域。使用它，既可以扩大填充区域，也可以缩小填充区域。与其他套索工具一样，使用【套索工具】时，按下 Option/Alt 键，可在【添加到选区】和【从选区减去】两种模式之间快速切换。

- 编辑取样区域（扩大或缩小）时，【预览】面板会根据编辑后的取样区域自动更新填充结果。

- 更改画笔大小的两种方法：一是设置选项栏中的【大小】的数值；二是按住 Option+Command/Alt+Ctrl 键，按住鼠标右键并左右拖动，如图 8-16 所示。

图 8-16

· 在选项栏中，单击放大镜右侧的方形图标，在弹出的菜单中选择【复位内容识别填充】，可重置工作界面中各个面板的位置。【内容识别填充】面板左下角有一个弯曲箭头（复位所有设置），单击它，可重置取样区域和所有设置。

⑥ 选择【取样画笔工具】，在绿色选区中擦掉岩石、天空、受阳光照射的沙地，这样填充区域中将不会出现这些内容。此时，取样区域变小，只剩下斜坡上的沙地，如图 8-17 所示。若取样区域太小，可按住 Option/Alt 键，切换成【添加到选区】模式，把取样区域扩大一些。

图 8-17

⑦ 在【内容识别填充】工作区的【输出设置】下，在【输出到】菜单中选择【当前图层】。单击【确定】按钮，返回 Photoshop 主窗口，然后按快捷键 Command+D/Ctrl+D，取消选区。

⑧ 在 Photoshop 中，保存并关闭文档，然后返回 Lightroom，比较处理前后的画面，如图 8-18 所示。

图 8-18

假如现在有一张不错的照片，想把这张照片放大一点，但不希望画面出现变形和质量下降的问题，该怎么办呢？此时，我们可以使用【内容识别缩放】命令来轻松实现这个目标。

8.3.2 使用【内容识别缩放】命令

在 Photoshop 中缩放照片是一件非常容易的事。【图像大小】对话框（【图像】>【图像大小】）中提供了多个选项，用来放大照片，同时保留照片细节。但是，当只在一个方向上放大照片时，往往会出现问题。

使用自由变换工具放大照片时，照片画面可能会出现不自然的拉伸。越放大和拉伸照片，照片的真实性和细节受到的损伤越大。沿一个方向放大照片时，为保证照片不变形、细节少受影响，最好从照片的不同部分取样扩展。

此时，【内容识别缩放】命令就有了用武之地。使用这个命令放大照片时，并非沿指定方向强行拉伸照片，它会分析照片画面，寻找那些好的像素，然后一个接着一个复制，最终实现照片的放大。【内容识别缩放】命令会在照片中找出那些（它认为）不怎么重要的元素，然后复制它们并填充新空间，同时尽量不动画面中的主体。

此外，还可以把画面中的某个区域保护起来，防止其在照片缩放过程中被复制或扭曲，这样可保证缩放符合我们的预期，避免出现一些意料之外的问题。接下来，我们将尝试使用【内容识别缩放】命令沿水平方向和垂直方向放大一张照片。

> 💡 注意　请在 Lightroom 中自行调整照片画面。这里用的设置是：【色温】+8、【高光】−93、【阴影】+38。

❶ 在 Lightroom 的【图库】模块下，选择照片 lesson08-005。然后，根据喜好调整照片。在菜单栏中选择【照片】>【在应用程序中编辑】>【在 Adobe Photoshop 2022 中编辑】（或者按快捷键 Command+E/Ctrl+E），将其发送到 Photoshop 中。

❷ 在 Photoshop 中，选择【裁剪工具】，在选项栏中，取消勾选【删除裁剪的像素】，如图 8-19 所示。拖动裁剪边框，然后按 Return/Enter 键，应用裁剪。

向内裁剪会裁剪掉一部分画面，向外裁剪会扩大画布区域。向外裁剪扩展画布是一个延伸视觉的好方法。

❸ 扩展画布后，在菜单栏中选择【选择】>【主体】，把画面中的主体大致选出来。

图 8-19

④ 在菜单栏中选择【选择】>【存储选区】，打开【存储选区】对话框。在【名称】文本框中输入 Mark，单击【确定】按钮，如图 8-20 所示。按快捷键 Command+D/Ctrl+D，取消选区。

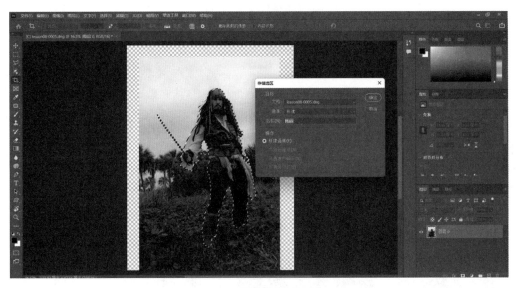

图 8-20

⑤ 在菜单栏中选择【编辑】>【内容识别缩放】。此时，照片边缘出现一个蓝色细边框和控制点，类似于自由变换的控制框和控制点。按住 Shift 键，向上拖动顶部中间的控制点，【内容识别缩放】命令会自动复制画面中的天空区域来填充顶部空白画布区域，而不会强行拉伸照片。按住 Shift 键，向左拖动照片左边缘上的控制点至画布左边缘。

⑥ 为防止画面中主体人物变形，我们要在选项栏中做一些设置。首先，在【保护】菜单中选择前面保存的 Mark 选区，将其排除在缩放之外，如图 8-21 所示。然后，单击右侧的【保护肤色】按钮，打开【保护肤色】功能。Photoshop 会从画面中查找类似人肤色的元素，保证它们不会发生太大的变形。按 Return/Enter 键，应用变换。

图 8-21

⑦ 把当前工具切换成【矩形选框工具】，选择照片右侧的空白区域，选区要把照片的一小部分包含进去。然后，在菜单栏中选择【编辑】>【填充】，在【内容】菜单中选择【内容识别】，单击【确定】按钮，如图 8-22 所示。此时，Photoshop 会把照片右侧的空白区域填充上，画面变得完整了。

图 8-22

⑧ 完成上面的操作后，保存并关闭文件。返回 Lightroom，比较处理前后的画面，如图 8-23所示。

图 8-23

请注意，【内容识别】技术虽然很强大，但也不是万能的。如果一味地使用它改变照片大小，过不了多久，照片就会出现裂痕，因此使用时请一定把握好改变的度。正因如此，在填充右侧空白画布时，这里使用的是填充，而不是拖拉照片右边缘。经过处理后，照片周围有了很多空间，更适合用在广告或海报中。

8.4　皮肤柔化与形体塑造

一方面，Photoshop 是一个强大的创意实现工具，能够帮助我们使用各种富有创意的方式表达自己；另一方面，Photoshop 也是一个强大的照片修饰工具，可以轻松地改变一个人的样貌。在人像修饰中，常见的两个任务是皮肤柔化与形体塑造。这两方面的内容本节都会讲到。

皮肤柔化是人像修饰中讨论最多的一个主题，皮肤柔化的目标是让人物的皮肤变得细腻、光滑，有很多技术可以实现这个目标，后面我们会慢慢讲到。

说到形体塑造，Photoshop 专门提供了【液化】工具来帮助我们塑造人物形体。在 Photoshop 的早期版本中，我们必须使用画笔推拉像素才能办到这一点，有点类似于捏黏土。随着喜爱和使用这个工具的用户越来越多，Photoshop 工程师继续完善这个工具，添加了更多的功能，进一步方便了我们调整人物形体。现在，使用【液化】工具可以快速实现过去需要花好几个小时才能得到的结果。

8.4.1　在 Photoshop 中柔化人物皮肤

许多皮肤柔化技术饱受诟病的一个点是无法如实地保留皮肤细节，把人物皮肤变得光滑、锃亮，就像"瓷娃娃"一样。在修饰人像的过程中，去除人物皮肤上的瑕疵、雀斑、暗区、皱纹时，千万不要过度模糊皮肤，否则会导致皮肤纹理丢失。这里我们介绍的皮肤柔化技术，不仅能保留皮肤细节，还允许你在适当的时候淡化皮肤上的毛孔。

许多人眼睛下方都有一些暗部区域（如眼袋、黑眼圈）和皱纹，下面我们一起来尝试解决一下。

❶ 在 Lightroom 的【图库】模块下，选择照片 lesson08-0009，然后在菜单栏中选择【照片】>【在应用程序中编辑】>【在 Adobe Photoshop 2022 中编辑】（或者按快捷键 Command+E/Ctrl+E），将其发送到 Photoshop 中。

❷ 在 Photoshop 中，按快捷键 Command+J/Ctrl+J，复制图层。

❸ 使用【修补工具】，把左眼（位于画面右侧）下方的暗部区域选出来，然后向下拖动至脸颊上，释放鼠标左键，用一块更亮、更光滑的皮肤覆盖掉暗部区域。如果觉得替换区域太暗或太亮，请按快捷键 Command+Z/Ctrl+Z，撤销修补，然后另找一块区域试一下，直到满意。

❹ 使用【修补工具】时，可以在人物的整个面部寻找合适的取样区域，而不只局限于被修补区域附近。修补人物右眼（位于画面左侧）时，这里选择从人物的额头取样，如图 8-24 所示。

❺ 现在，人物眼睛下方修补后的样子看起来有点不太真实，别担心，稍后我们还会调整。继续使用【修补工具】，去掉人物面部的痘印、雀斑等。按快捷键 Command+D/Ctrl+D，取消选区。

❻ 按住 Option/Alt 键，在【图层】面板底部单击【添加图层蒙版】按钮，为前面复制的图层添加一个黑色蒙版。

图 8-24

❼ 按 B 键，把当前工具切换成【画笔工具】。在选项栏中，把【流量】设置为 3%，【不透明度】设置为 100%。

❽ 在【工具】面板中，把【前景色】设置为白色，然后用画笔在人物眼睛下方刷一刷，叠加在原始照片上的修补结果会一点点地显现出来，如图 8-25 所示。

图 8-25

❾ 使用同样的方法，在有痘印和雀斑的地方刷几下，使修复结果显现出来。完成上面操作后，在【图层】面板中，降低一点【不透明度】，略微弱化一下修补效果的强度，如图 8-26 所示。图层的【不透明度】的数值越小，图层上的修补效果越弱。

图 8-26

8.4.2　使用 Camera Raw 滤镜柔化皮肤

柔化皮肤（磨皮）最流行、最常用的一个方法是"高低频分离"。我们可以把皮肤想象成由两个不同的部分组成，一部分是细节（高频），另一部分是颜色和影调（低频）。做修饰处理时，要确保每类操作都作用在特定的频率上。

在把这些功能自动化方面，Lightroom 和 Photoshop 做得越来越好，在柔化人物的皮肤时，我们完全可以使用它们得到令人满意的结果。Camera Raw 是 Photoshop 内置的一个滤镜，我们可以使用它提供的一系列命令实现某些效果，这些命令和 Lightroom 中的差不多。下面我们使用 Camera Raw 滤镜的【纹理】滑块来柔化人物的皮肤。

❶ 在【图层】面板中盖印所有可见图层（两个图层），得到一个新图层。保留原始图层，方便日后修改。按快捷键 Shift+Option+Command+E/Shift+Alt+Ctrl+E，或者在菜单栏中选择【图层】>【合并可见图层】的同时按住 Option/Alt 键。双击新图层的名称，输入 New Portrait Start，然后按 Return/Enter 键，使新名称生效。

❷ 按快捷键 Command+J/Ctrl+J，复制 New Portrait Start 图层。把复制出的图层命名为 NF，将其拖动到 New Portrait Start 图层之下，如图 8-27 所示。

图 8-27

③ 选择 New Portrait Start 图层，然后在菜单栏中选择【滤镜】>【Camera Raw 滤镜】，进入【Camera Raw 滤镜】工作区。

④ 为柔化皮肤，在【基本】下，向左拖动【纹理】滑块，使其变为负值，然后单击【确定】按钮，如图 8-28 所示。这里，把【纹理】设置为 -47。此时，画面看起来有点不对劲，但这个问题我们可以解决。

图 8-28

⑤ 与前面的例子一样，我们先创建一个黑色蒙版把图层隐藏起来。按住 Option/Alt 键，单击【图层】面板底部的【添加图层蒙版】按钮，添加黑色蒙版。

⑥ 选择一个白色的柔性画笔，把【流量】设置得小一些（2%~5%），然后用画笔在想要柔化的皮肤上涂抹。画笔涂抹过的地方，就会显现出在 Camera Raw 滤镜中柔化过的皮肤，如图 8-29 所示。

图 8-29

接下来，我们学习如何使用 Neural Filters 滤镜平滑皮肤，请不要关闭照片。

不透明度与流量

使用画笔修饰照片时，常遇到的一个问题是：怎么设置画笔才更好用，是设置【不透明度】，还是【流量】我常用如下例子回答这个问题。

想象一下，我们俩都在户外，我递给你一根水管和一个杯子。我请你往杯子里装一半的水，同时要求你把水龙头开到最大。此时，往杯子里装一半的水，操作起来你会不会觉得很难？相当难。

现在，若把水龙头关小一点，让水慢慢流进杯子里，装满半杯水还难不难？一点也不难。但这个时候需要把水龙头开得更久一点，才能装满半个杯子。

假设，当前画笔的【不透明度】是 10%。当用这支画笔涂抹时，每刷一笔，所生成的笔触的不透明度都是 10%。当有多个笔触堆叠在一起时，总笔触的不透明度是各个笔触的不透明度叠加得到的。

把画笔的【不透明度】设置为 100%，【流量】设置为 8%，若将画笔比作水管，调低【流量】就相当于把水龙头关小一点。这样，我们就能用画笔更精准地创建效果。当我希望效果更强烈一点时，只需用同样的笔触反复多刷几次即可。

8.4.3　使用 Neural Filters 滤镜平滑皮肤

除了 AI 工具外，新版 Photoshop 中还添加了一些神经网络滤镜，专门帮助我们对照片做平滑和锐化处理。在处理照片时，使用这些神经网络滤镜能够显著地提高工作效率，节省大量时间。

❶ 在【图层】面板中，单击 New Portrait Start 图层左侧的眼睛图标，将其隐藏起来。然后，选择 NF 图层，如图 8-30 所示。

图 8-30

❷ 在菜单栏中选择【滤镜】>【Neural Filters】，进入 Neural Filters 工作区中，其中列出的各种滤镜都应用了 AI 技术。

❸【皮肤平滑度】滤镜只包含两个滑块，它能在保留皮肤细节的前提下很好地柔化人物的皮肤。开启【皮肤平滑度】开关，不断调整【模糊】和【平滑度】两个滑块，直到得到满意的效果，如图 8-31 所示。在用过某个神经网络滤镜后，可以反馈你的意见。反馈的意见对官方日后改善滤镜有很大的作用，希望大家有时间多给官方写一些反馈意见。

图 8-31

④ 在 Photoshop 中，保存并关闭文档，然后返回 Lightroom。

8.4.4 使用【液化】滤镜调整人物形体

修饰人像时，糟糕的姿势、鼓起的口袋、服装褶皱等都会给修片带来很大的困难。为了帮助我们解决这些问题，Photoshop 专门提供了【液化】滤镜，使用该滤镜。可轻松推拉像素，但使用的时候力度一定要轻，避免过度。

能力越大，责任越大

作为艺术家，一方面我们有很多机会向别人展示自己的作品，另一方面我们还要保证自己创作的作品不会给社会添乱。我们的日常生活中充斥着各种各样的照片，这些照片可能会对那些易受外界影响的人产生深远的影响，公众的审美取向会左右他们对自我形象的认知。

现在的年轻人经常把自己和那些所谓的"俊男靓女"的照片（这些照片一般都是用图像处理软件美化过的）放在一起做比较，并在一次又一次的比较中败下阵来，这极大地伤害了他们的自尊心，严重程度前所未有。这个问题非常普遍。针对这个问题，法国在 2017 年甚至专门制定了一项法律，强制要求杂志社在刊登那些经过数字处理的照片时必须明确注明"该照片经过了数字编辑处理"。

随着 Instagram 与 Facebook 等社交工具成为人与人之间主要的交流方式，人们每天都会看到大量经过数字过度处理的照片，这些照片会对人们的自我认知产生负面影响。

修饰人像时，我奉行的理念是，最大限度地保留人物的原始样貌，在此基础上使用相关工具使人物呈现出良好的精神风貌。随着年龄的增长，我们的皮肤会逐渐老化，但有些可以通过一些方法得到一定程度的改善。比如，睡几个好觉，眼睛下方的黑眼圈和细纹能得到一定的改善，做人像修饰其实就是为了实现这种效果。修饰人像时，我会淡化和提亮有问题的区域，原来肤色的变化和皮肤纹理仍然存在，只是程度比以前更淡、更柔了。

我经常使用【液化】滤镜通过推拉像素来解决照片中的一些常见问题，如衣服褶皱，这些问题在拍摄前没有得到很好的解决。调整人物形体时，我只会顺着人物的姿势做调整，不会主动给人瘦身，或者改变被摄者本来的样貌。

介绍这些技术时，我一般都会拿自己的照片作为例子，尽量避免使用别人的照片，以免冒犯到他们。我完全不介意你看到我脸上的痘印、黑斑。

每当我坐下来调整照片时，心里都会想象着我的女儿萨拜因就坐在身旁。每做一个调整，我就会问一下自己：当前调整萨拜因看见了会不会觉得不舒服？

修人像时，每个人都有自己坚守的道德标准。我只是想提醒一下：对于未来，我们每个人都负有责任，我们每个人都应尽一份绵薄之力，让未来变得更美好。

> 💡提示　使用【液化】滤镜，可对照片中的像素做移动、弯曲、扭曲等操作，在使用【液化】滤镜前，请务必确保已经完成了对主体的修饰处理。

由于人们经常使用【液化】滤镜来改变人像的一些身体特征，于是 Adobe 公司就给【液化】滤镜添加了一系列工具，把各种变换过程自动化。最后，我们还需要了解一下【液化】滤镜在处理风景照片中的应用。

8.4.4.1　使用【向前变形工具】

下面，我们学习如何使用【液化】滤镜中的【向前变形工具】来移动照片中的某一部分像素。

❶ 在 Lightroom 的【图库】模块下，选择照片 lesson08-0008，然后在菜单栏中选择【照片】>【在应用程序中编辑】>【在 Adobe Photoshop 2022 中编辑】（或者按快捷键 Command+E/Ctrl+E），将其发送到 Photoshop 中。

❷ 在 Photoshop 中，在菜单栏中选择【滤镜】>【液化】，进入【液化】工作区。在左侧【工具】面板中，选择【向前变形工具】，如图 8-32 所示。这个工具用起来有点像画笔工具。【向前变形工具】的【画笔工具选项】区域位于工作区右侧。

图 8-32

使用【向前变形工具】时，请把画笔中心对准想要移动的边缘，然后尝试一点点地移动，每次移动的幅度不宜过大，更不要想着一步到位。

示例照片中，我的后腰往外凸得有点厉害，这是因为拍照时我的姿势没摆好，而且拍摄的角度也存在一点问题。接下来，我们使用【向前变形工具】把腰往里收一收。把画笔中心放在凸起的腰线上，然后向左推动，每次推动幅度要小一点，可以连续多推几次，不要总想着一步到位。

修图中，相比于向内推像素，人们更习惯于向外拉像素。因为，向外拉像素更容易创建出匀称、平滑的外观。不管是向内推像素，还是向外拉像素，都要使用画笔的中心。

请使用相同方法，调整一下 T 恤的凹陷处。调整凹陷处时，不要往里推像素，而是向外拉像素，这样可使其褶皱更匀称，如图 8-33 所示。

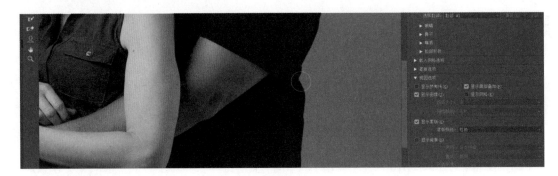

图 8-33

同样，使用小笔刷处理 T 恤大臂处的小褶皱，如图 8-34 所示。

图 8-34

❸ 在图 8-35 中，我把人物故意扭曲一下，以便引出【液化】滤镜的第二个工具——【重建工具】。【重建工具】用起来有点像画笔，但主要用来把液化过的区域刷回成原来的样子，如图 8-36 所示。请注意，【重建工具】不是用来撤销某些调整步骤的，而是用来把照片恢复成原样，方便你做新的尝试，如图 8-37 所示。

图 8-35

图 8-36

图 8-37

8.4.4.2 使用【人脸识别液化】功能

在 Photoshop 的早期版本中，大部分的面部调整工作都是使用变形工具下方的工具完成的。随着

Photoshop 的发展，Adobe 公司把面部调整的操作进一步简化，让我们用起来更加方便、快捷。

❶ Photoshop 会扫描整张照片，识别出照片中有几张人脸，以及每张人脸的细部特征（如眼睛、鼻子、嘴唇、脸型）。扫描完成后，Photoshop 会在人物的眼睛、嘴巴、前额、下颌线等周围绘制一系列的点。在【工具】面板中，选择【脸部工具】，当在人物面部移动鼠标指针时，在不同部分会显示不同的叠加标记，这些标记用于指示 Photoshop 检测到的面部的各个部位。右侧的【人脸识别液化】区域有一系列滑块，如图 8-38 所示。【人脸识别液化】功能相当厉害。

图 8-38

❷ 在【人脸识别液化】区域下，人物面部的每个部分都对应着一组滑块。每组滑块中包含着多个滑块，分别控制相应部分的不同特征。比如，在控制【眼睛大小】的两个滑块中，向左拖动左眼滑块，左眼变小。单击两个滑块之间的锁链图标，可把左眼和右眼关联起来，拖动其中一个滑块，另外一个滑块也会跟着一起移动，此时可同时调整两只眼睛的大小。

这里，我们做如下调整：【前额】设置为 -98、【眼睛距离】设置为 -15、【眼睛大小】左眼滑块设置为 -17、【鼻子高度】设置为 -13、【下颌】设置为 -30、【脸部宽度】设置为 -18，如图 8-39 所示。调整时，这些改变会实时表现在人物面部。

图 8-39

③ 调整好之后，单击【确定】按钮。在 Photoshop 中，保存并关闭照片，然后返回 Lightroom。

8.4.5 使用【液化】滤镜调整风景照

在 Photoshop 的早期版本中，画笔的大小最大是 600 像素或 1400 像素。随着 Photoshop 的发展，当前画笔大小最大可达 15000 像素。有了这么大的画笔，我们就可以轻松地对整张风景照片进行变形了。

① 在 Lightroom 的【图库】模块下，选择照片 lesson08-0001- 编辑，然后在菜单栏中选择【照片】>【在应用程序中编辑】>【在 Adobe Photoshop 2022 中编辑】(或者按快捷键 Command+E/Ctrl+E)，选择【编辑原始文件】，将其发送到 Photoshop 中。

② 按快捷键 Shift+Option+Command+E/Shift+Alt+Ctrl+E，盖印所有可见图层，把以前的编辑合并到一个新图层中。在菜单栏中选择【滤镜】>【液化】，进入【液化】工作区。

③ 选择【向前变形工具】，然后把画笔大小设置得大一些。这里，我把画笔大小设置成 6015 像素。使用画笔调整画面中的岩石和沙丘，如图 8-40 所示。由于画笔很大，所以用画笔一次就可以推动画面中的大量像素。调整照片画面时，请记住一点：最好不要改变太多，把照片完全改成另外一副模样更不可取。

图 8-40

④ 根据需要调整好照片之后，保存并关闭文件，返回 Lightroom。

也许使用【液化】滤镜调整风景照的情形并不常见，但这里我想说的是：【液化】滤镜不仅可以用来修饰人像，还可以大面积调整风景照。

8.5　复习题

1. 【修复画笔工具】和【污点修复画笔工具】有什么不同?
2. 【仿制图章工具】和【修复画笔工具】有什么不同?
3. 相比于【填充】对话框中的【内容识别】,使用【内容识别填充】工作区主要有什么好处?
4. 使用【内容识别缩放】工具时,如何防止画面中的人物变形?
5. 使用【液化】滤镜调整人物面部时,最简单的方法是什么?

8.6　答案

1. 【修复画笔工具】和【污点修复画笔工具】都是从源区域中取样,然后覆盖目标区域中的内容,并且把它们与周围像素混合。两个工具最大的不同是:【修复画笔工具】允许指定源区域,而【污点修复画笔工具】不允许这样做。
2. 【仿制图章工具】在复制与粘贴像素时不会自动混合周围像素,而【修复画笔工具】会把复制的像素与周围像素混合。
3. 使用【内容识别填充】工作区的最大好处是,可以指定使用照片的哪一部分覆盖所选区域。使用【填充】对话框中的【内容识别】,也可以覆盖选区内容,但是取样区域由Photoshop 决定。
4. 使用【内容识别缩放】工具时,为防止画面中的人物变形,先用选择工具把人物选出来,再把人物选区保存起来,然后从选项栏的【保护】菜单中选择人物选区。单击【保护】菜单右侧的【保护肤色】按钮,可保护画面中那些包含肤色的区域。
5. 使用【液化】滤镜调整人物面部时,最简便的方法是使用【脸部工具】(识别人物面部的各个部位)和【人脸识别液化】区域下的各种调整滑块。

第9课

使用 Photoshop 给照片添加特效

课程概览

前面课程中，我们学习了 Photoshop 的一些基本使用技术，包括合成照片、选择与添加蒙版，以及修饰照片等。本课我们学习如何使用 Photoshop 给照片添加特效。在学习本课时，我们会用到前面学过的一些技术。

本课学习如下内容。

- 给照片添加"柔和光芒"效果。
- 把人物肖像变成油画。
- 把人物肖像变成彩色铅笔画。
- 使用【光圈模糊】滤镜突出焦点。
- 创建移轴模糊效果。
- 向背景和主体添加动感效果。
- 把照片合成社交平台上常见的轮播图。

学习本课需要 **2~2.5** 小时

Photoshop 给我们提供了大量创建特殊效果的工具和功能，本课我们会使用这些工具和功能给一张沙漠照片添加戏剧化的天空，并对照片做扩展。

■ 9.1　课前准备

学习本课内容之前，请先做好如下一些准备工作。

请注意，如果你已经按照本书前言 "创建 Lightroom 目录" 中的说明，创建好了 LPCIB 文件夹和LPCIB Catalog 目录文件，下载本课课程文件并放入 LPCIB\Lessons 文件夹中，请直接跳到第 3 步。

❶ 在计算机中创建一个名为 LPCIB 的文件夹，然后在其中创建 Lessons 文件夹，并把本课课程文件放入其中。

❷ 参考前言 "创建 Lightroom 目录" 中的说明，在 LPCIB 文件夹下创建 LPCIB Catalog.lrcat 目录文件（该文件位于 LPCIB\LPCIB Catalog 文件夹中）。

❸ 启动 Lightroom，在菜单栏中选择【文件】>【打开目录】，找到之前在创建的 LPCIB Catalog 目录，将其打开。或者，在菜单栏中选择【文件】>【打开最近使用的目录】>【LPCIB Catalog.lrcat】，将其打开。

❹ 参考 1.3.3 小节中介绍的方法，把本课用到的照片导入 LPCIB Catalog 目录中。

❺ 在【图库】模块的【文件夹】面板中，选择 lesson09 文件夹。

❻ 在【收藏夹】面板中，新建一个名为 Lesson 09 Images 的收藏夹，然后把 lesson09 文件夹中的照片全部添加到其中，如图 9-1 所示。

图 9-1

❼ 在预览区域下方的工具栏中，把【排序依据】设置为【文件名】。

接下来，我们先学习一下如何给照片添加某种艺术效果，以此带领大家一步步地走进特殊效果的多彩世界。

9.2 创作艺术人像

在 Lightroom 中，我们可以使用其提供的各种工具改善和增强照片。这些改变在一定程度上会使照片与原始状态产生很大差别，但是不管怎么修改，我们仍能从改变后的画面中窥见原始照片的影子。相比于 Lightroom，Photoshop 更像是一个强大的创意实现工具，它提供了各种滤镜和效果，帮助我们快速实现脑海中的各种创意与想法。

本节中，我们会学习一些向照片中添加柔和光芒的技术，让照片看起来像油画和彩铅画。

9.2.1 添加柔和光芒

20 世纪 80 年代，"柔和光芒"的拍照风格风靡一时。现在这种风格已经"失宠"，但是向照片中添加柔和的光芒确实能够给画面增添一种空灵的感觉。柔和光芒效果可以用在人像中，也可以用在风景照片中，用来营造一种令人心情轻松、舒畅的氛围。

接下来，我们学习如何使用 Photoshop 中的老式滤镜快速生成柔和光芒，给画面增添一种柔和、空灵、有趣的感觉。

❶ 在 Lightroom 的【图库】模块下，选择照片 lesson09-0003，然后在菜单栏中选择【照片】>【在应用程序中编辑】>【在 Photoshop 中作为智能对象打开】，将其发送到 Photoshop 中。

❷ 在 Photoshop 中，在菜单栏中选择【图像】>【模式】>【8 位 / 通道】。许多 Photoshop 滤镜无法处理 16 位的图像，如果看到哪个滤镜是灰色不可用的，那大概率是因为图像不是 8 位的，无法应用那个滤镜。只有把图像转成 8 位的，才能访问那些处于灰色状态的滤镜。转换完成后，按快捷键 Command+J/Ctrl+J，复制出另外一个图层。

❸ 接下来我们要用的滤镜会把背景色（位于【工具】面板底部）作为光芒颜色。按 D 键，可把前景色和背景色重置为默认颜色，即前景色为黑色、背景色为白色。

❹ 在菜单栏中选择【滤镜】>【滤镜库】，在【滤镜库】窗口中，单击【扭曲】左侧的三角形，将其展开，单击【扩散亮光】（如果使用的是旧版本的 Photoshop，则需要选择【滤镜】>【扭曲】>【扩散亮光】）。使用预览窗口左下角的缩放按钮，调整缩放级别，直至看清顶部徽章上的文字。在右侧区域中，把【粒度】滑块拖到最左侧，把【发光量】设置为 5，【清除数量】设置为 15，如图 9-2 所示。

> 💡 注意　向自己的照片添加光芒时，把【发光量】和【清除数量】调整成多少合适，需要不断尝试才知道，这里的数值仅供大家参考。

单击【确定】按钮，关闭【滤镜库】。此时，Photoshop 会把【扩散亮光】滤镜添加到当前选择的图层上。单击当前图层左侧的眼睛图标，可看到应用滤镜之前的画面。再次单击，可看到应用之后的画面。

❺ 在【图层】面板中，双击【滤镜库】右侧的按钮，可打开【混合选项】对话框，如图 9-3 所示。在画面中单击某个地方，可在【混合选项】对话框的预览区域中看到其放大后的样子。在【混合选项】对话框中，把【模式】设置为【明度】，如图 9-4 所示。请根据需要，调整【不透明度】的数值，降

低【不透明度】的数值可降低滤镜强度。这里把【不透明度】设置成100%，只是为了保证大家能够清晰地看见滤镜效果。单击【确定】按钮。

把【混合选项】对话框的【模式】改为【明度】，可防止照片颜色发生变化。

图 9-2

图 9-3

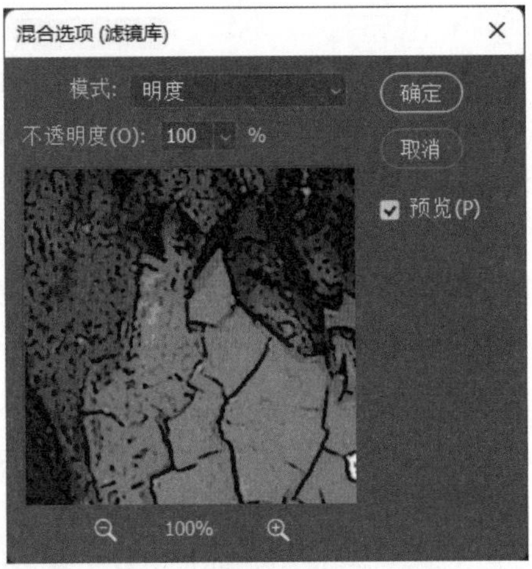

图 9-4

⑥ 我们把画面中数字和文字上的光芒去掉。当前图层是一个智能对象，【扩散亮光】是作为智能滤镜添加到图层上的，带有一个白色的图层蒙版。在【图层】面板中，单击白色的图层蒙版，按B键，把当前工具切换成【画笔工具】，在【画笔预设】选取器（位于选项栏左侧）中选择一个柔边笔刷。把【模式】设置为【正常】，【不透明度】设置为100%，【流量】设小一点。若想隐藏滤镜效果，那么需要使用黑色画笔绘制蒙版。因此，按X键，把前景色设置成黑色。

⑦ 选择一个大号的柔边画笔（500像素），涂抹画面左上角的 Rapidayton 徽标，以及画面中间的数字和文本，把这些区域上的光芒效果去掉（隐藏），如图9-5所示。

若涂抹多了，请按X键，把前景色改成白色，然后用画笔把光芒涂抹回来。

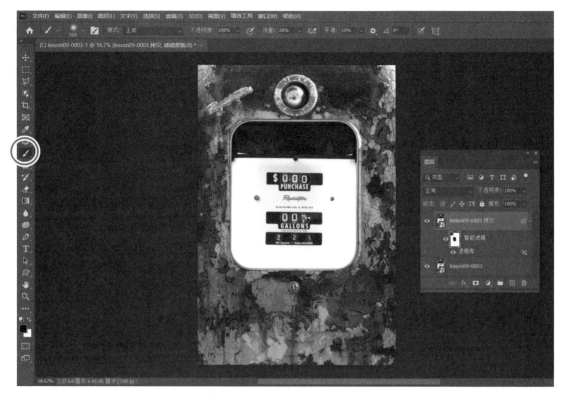

图 9-5

⑧ 在菜单栏中选择【文件】>【存储】(或者按快捷键 Command+S/Ctrl+S),保存文档,然后在菜单栏中选择【文件】>【关闭】(或者按快捷键 Command+W/Ctrl+W),关闭文档。

图 9-6 中展现的分别是滤镜应用前后的画面。如我们所见,应用【扩散亮光】滤镜不仅能使画面变得柔和、温暖,而且会让画面变得更平滑。

图 9-6

9.2.2　把人像照片转成油画

Photoshop 专门提供了一个【油画】滤镜，使把照片转变成油画这件事变得十分简单。【油画】滤镜能够产生一种令人难以置信的艺术效果，我们可以使用它轻松地创作出独具个人特色的艺术作品。在 Lightroom 中调整好照片的颜色和色调后，可按照如下步骤把照片（拍摄对象是我的母亲和我的女儿）转变成油画。

> 💡提示　Photoshop 中还提供了【混合器画笔工具】，用来混合颜色，用起来就像画家在画架上混合颜色一样。用完【油画】滤镜后，我喜欢使用【混合器画笔工具】平滑细节，给画面赋予我的个人风格。

❶ 在 Lightroom 的【图库】模块下，选择照片 lesson09-0007，然后在菜单栏中选择【照片】>【在应用程序中编辑】>【在 Adobe Photoshop 2022 中编辑】，把照片发送到 Photoshop 中。

❷ 按快捷键 Command+J/Ctrl+J，复制【背景】图层，然后在菜单栏中选择【滤镜】>【风格化】>【油画】，打开【油画】对话框，如图 9-7 所示。

下面，我们介绍一下【油画】对话框中的各个滑块及其用法。

图 9-7

- 　【描边样式】：调整描边样式，范围从涂抹效果 0 到平滑描边 10。
- 　【描边清洁度】：调整描边长度，范围从最短最起伏 0 到最长最流畅 10。
- 　【缩放】：该滑块影响绘画凸现或表面粗细，范围从细涂层 0 到厚涂层 10，实现具有强烈视觉效果的印象派绘画风格。
- 　【硬毛刷细节】：调整毛刷画笔压痕的明显程度，范围从软压痕 0 到强压痕 10。

- 【角度】（位于【光照】区域下）：调整光照的入射角。
- 【闪亮】：调整光源亮度和油画表面的反射量。

③ 这里希望创建一个非常柔和、平滑的画面感觉。为此，在【油画】对话框中做如下设置：【描边样式】设置为 10.0，【描边清洁度】设置为 9.4，【缩放】设置为 0.6，【硬毛刷细节】设置为 1.0，【角度】设置为 -60，【闪亮】设置为 1.9。设置完毕后，单击【确定】按钮，如图 9-8 所示。

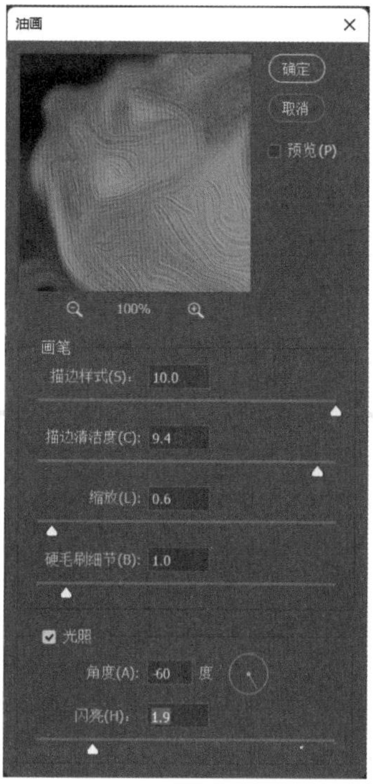

9.2.3　使用【混合器画笔工具】

创建好基本的油画效果后，使用 Photoshop 中强大的【混合器画笔工具】做一下混合。

长期以来，Photoshop 中的画笔在使用颜色方面做得很好，但在混合颜色方面做得不好，完全比不上画家。使用画笔先画一笔红，再在红色笔触上画一笔蓝。此时，蓝色笔触会盖住下面的红色笔触，在重叠区域，两种颜色不会发生混合。这让许多艺术家感到沮丧，他们希望 Photoshop 中的颜色与画布上的颜料一样，上层颜色能够与下层颜色混合。

使用【混合器画笔工具】时，我们可以把画布中已有的颜色和

图 9-8

加载到画笔上的颜色混合，如图 9-9 所示。类似于传统的画笔工具，【混合器画笔工具】能够记住所加载的颜色，并将其与画布上的颜色混合，为作品增添一种传统的绘画艺术感。接下来，我们使用【混合器画笔工具】混合前面创建的油画效果，给画面增添一种独特的韵味。

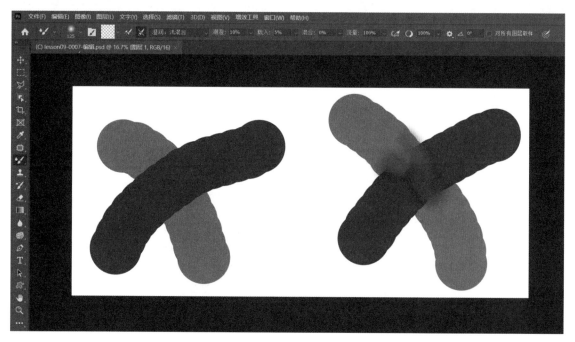

图 9-9

❶ 在【工具】面板中，选择【混合器画笔工具】（如果【混合器画笔工具】和【画笔工具】在同一个工具组中，请按住【画笔工具】，然后选择【混合器画笔工具】）。然后，在选项栏中，单击颜色框右侧的下拉按钮，在弹出的下拉列表中选择【清理画笔】，如图 9-10 所示。然后单击右侧第二个按钮（每次描边后清理画笔），将其开启，如图 9-11 所示。这样每画一笔，【混合器画笔工具】都会自动清理。这样可确保我们混合的全是在画布上刷过的颜色。按住 Option/Alt 键，单击画布，把一种颜色加载到画笔。

图 9-10

图 9-11

❷ 画笔准备好后，在画面中某个细节过多的区域中涂抹，使其变平滑。混合一些【油画】滤镜在人物面部形成的笔触。

使用【混合器画笔工具】时，需要随时调整画笔大小，以确保它不会在画面中产生较大的颜色斑点，防止油画效果消失，如图 9-12 所示。

图 9-12

此外，请确保在画面中涂抹时用的是短笔触，同时尽量使笔触方向和【油画】滤镜保持一致，这样可以最大限度地保证绘画风格的一致。

❸ 在【图层】面板底部，单击【创建新的填充或调整图层】按钮，然后在弹出的菜单中选择【曲线】。在【属性】面板的【曲线】区域中，在曲线中间单击并向下拖动，压暗整个画面，如图9-13所示。

图 9-13

❹ 曲线调整图层自身带有一个白色蒙版，默认会在画面中显露全部压暗效果。在【工具】面板中，单击【画笔工具】，把当前工具切换成【画笔工具】（如果【混合器画笔工具】和【画笔工具】在同一个工具组中，请按住【混合器画笔工具】，然后选择【画笔工具】）。按 D 键，然后按 X 键，把前景色设置成黑色。在选项栏中，把【不透明度】设置为 100%，【流量】设置为 18%，在主体人物上涂抹，去掉她们身上的曲线压暗效果，如图9-14所示。

图 9-14

如果想重新调整曲线的压暗效果，请在【图层】面板的【曲线 1】调整图层中，双击白色蒙版左侧的黑白圆圈，打开【属性】面板，然后根据需要拖动曲线中心的控制点：向上拖动，提亮画面；向下拖动，压暗画面。

⑤ 在 Photoshop 中，保存并关闭文档，然后返回 Lightroom。在【图库】模块下，可以看到一个 PSD 文件出现在原始照片旁边。按住 Shift 键，单击原始照片和 PSD 文件，把它们同时选中，然后按 N 键，在【筛选】视图下，显示两张照片。这样，可以很方便地观察照片转变成油画前后的画面，如图 9-15 所示。

图 9-15

9.2.4 向人像照应用艺术效果

在 Photoshop 中向照片添加艺术效果的方法有很多，其中使用【滤镜库】中的【艺术效果】最简单，使用它不仅能够轻松得到令人满意的效果，而且该效果还允许你把多个滤镜叠加在一起。在一张照片中，若主体背景是白色或者浅色，应用【艺术效果】得到的效果非常不错，所以拍摄照片时，应该好好考虑背景，尽量选用白色或浅色的背景。

① 在 Lightroom 的【图库】模块下，选择照片 lesson09-0004，然后在菜单栏中选择【照片】>【在应用程序中编辑】>【在 Adobe Photoshop 2022 中编辑】（或者按快捷键 Command+E/Ctrl+E），将其发送到 Photoshop 中。

② 在 Photoshop 中，在菜单栏中选择【图像】>【模式】>【8 位 / 通道】。

③ 在 Photoshop 中，按快捷键 Command+J/Ctrl+J，复制【背景】图层。

④ 在菜单栏中选择【滤镜】>【滤镜库】，进入【滤镜库】窗口。只有先把图像变成 8 位的，才能应用【滤镜库】中的大多数滤镜。虽然我们可以从【滤镜】菜单中分别访问这些滤镜，但当想叠加多个滤镜时，最好使用【滤镜库】。

每当在【滤镜】菜单中找不到想用的滤镜时，就可以去【滤镜库】中找一找。随着 Photoshop 的发展，为改善用户的使用体验，Adobe 公司把一些滤镜从【滤镜】菜单转移到了【滤镜库】中。有时，我们会发现无法在【滤镜】菜单中找到自己常用的滤镜，别慌，那些滤镜其实还在，只不过被转移到【滤镜库】中去了。

⑤ 在【滤镜库】窗口中，单击【艺术效果】左侧的三角形，将其展开，然后单击【海报边缘】。在右侧的【海报边缘】区域下，把【边缘厚度】设置为 2、【边缘强度】设置为 1、【海报化】设置为 2，如图 9-16 所示。

图 9-16

⑥ 在【滤镜库】窗口右下角，单击【新建效果图层】按钮。此时，Photoshop 会自动在滤镜选项下方的列表中添加刚刚使用过的滤镜（这里是【海报边缘】）。在【艺术效果】类别下，单击【木刻】，使其变成刚刚创建的效果图层。

应用【木刻】滤镜后，照片画面看上去有点像素描。根据个人喜好，调整各个滑块。这里，把【色阶数】设置为 8，【边缘简化度】设置为 0，【边缘逼真度】设置为 3，单击【确定】按钮，如图 9-17 所示。

图 9-17

⑦ 在 Photoshop 中，添加好艺术效果后，保存并关闭文档，然后返回 Lightroom。在 Lightroom 中，同时选择两张照片，然后按 N 键，进入【筛选】视图，并排显示两张照片，比较艺术效果应用前后的画面，如图 9-18 所示。

图 9-18

9.3 添加创意模糊效果

Lightroom 中有许多方法可用来把人的注意力引导到照片的某一部分，但却无法通过模糊来实现。相比之下，Photoshop 提供了一系列令人印象深刻的模糊滤镜，专门用来模糊图像，让我们尽情释放创造力。

下面，我们将学习如何在 Photoshop 中使用模糊滤镜改变照片的景深，向照片添加移轴效果，以及为静止画面添加动感。

9.3.1 使用【光圈模糊】滤镜突出焦点

使用景深较浅的镜头拍照时，焦外模糊会使画面中的焦点对象成为人们关注的中心。想要在拍摄时实现浅景深效果，就必须使用大光圈镜头。但如果手头没有大光圈镜头，该怎么办呢？此时，我们可以使用 Photoshop 通过后期实现类似效果。后期制作出来的浅景深效果与实际镜头产生的效果完全一样吗？不完全一样，但总比一点都没有强。

❶ 在【图库】模块的【网格视图】下，选择 Develop Module Practice 收藏夹中的照片 Lesson03-0007，然后将其拖入 Lesson 09 Images 收藏夹中。进入 Lesson 09 Images 收藏夹，在菜单栏中选择【照片】>【在应用程序中编辑】>【在 Adobe Photoshop 2022 中编辑】（或者按快捷键 Command+E/Ctrl+E），将其发送到 Photoshop 中。

❷ 在 Photoshop 中，在菜单栏中选择【滤镜】>【模糊画廊】>【光圈模糊】，进入【模糊画廊】工作区。

此时，画面中出现一个椭圆，椭圆中心有一个大头针。椭圆轮廓外部模糊，椭圆轮廓与 4 个点之间是过渡区域，由外至内，从模糊逐渐到清晰，如图 9-19 所示。

> 💡 注意 按住 H 键，可把【光圈模糊】控件暂时隐藏起来，以便观察画面中的模糊效果。

图 9-19

❸ 把中心位置上的大头针拖动到咖啡壶上，使咖啡壶顶部（离相机最近的区域）处于模糊范围内。拖动椭圆上的 4 个圆形控制点，更改模糊大小。把鼠标指针移到圆形控制点上，鼠标指针变成一个弯曲的双向箭头，按住鼠标左键拖动，可旋转椭圆。拖动椭圆上的方形控制点，可调整椭圆形状，使其变得更圆或更方，如图 9-20 所示。

💡 提示 【模糊画廊】菜单中的所有滤镜都支持 16 位的图像，使用前，不需要先把图像转换成 8 位的。

图 9-20

❹ 椭圆内部有 4 个圆，向内或向外拖动其中一个，可改变过渡区域（从模糊到清晰）的宽度。拖动其中一个圆，另外 3 个圆会跟着一起移动；按住 Option/Alt 键，拖动某个圆，可分别移动它们。

⑤ 调整模糊强度时，沿逆时针方向拖动大头针外围的圆环，可减少模糊量。

在工作区右侧的【模糊工具】面板中，向左拖动【模糊】滑块，也可减少模糊量。

⑥ 在工作区顶部的选项栏中，开关【预览】（或者按 P 键），可比较模糊应用前后的画面。调整好模糊后，在选项栏中单击【确定】按钮，退出【模糊画廊】工作区。

⑦ 在 Photoshop 中，保存并关闭文档，然后返回 Lightroom。同时选择原始照片和 PSD 文件，然后按 N 键，在【筛选】视图下，比较两张照片，如图 9-21 所示。

图 9-21

> 💡 提示 此外，还可以使用【光圈模糊】滤镜在照片画面中添加多个焦点，这种效果是无法使用相机实现的。

9.3.2 添加移轴模糊效果

移轴模糊是移轴镜头特有的一种效果，Photoshop 专门提供了【移轴模糊】滤镜来模拟这种效果。图 9-22 中的照片是我在美国大雾山国家公园内拍摄的一个建筑物。当时我多么希望随身带着一支移轴镜头，但实际并没有带。

图 9-22

拍摄时，为了把建筑物上方的树和天空纳入画面中，必须先把相机镜头朝上倾斜，然后按快门拍摄。也就是说，拍摄时相机传感器也是向上倾斜的，但建筑物仍然是端正的。实际拍摄的结果是怎样的呢？结果是，建筑物上的线条看起来像是在向后汇聚。再加上相机可能在某个方向上有旋转，传感器平面可能已经发生了移动，最终导致建筑物向左倾斜。

使用移轴镜头拍摄时，我们可以在多个方向上移动镜头来纠正这些透视变形问题。建筑摄影师常使用移轴镜头来拍摄建筑物，以确保建筑物上的线条是平直的。但是，在转移镜头视角的过程中，景深容易被扭曲，导致焦点上下出现模糊。这种焦点区域两侧的模糊会给人一种错觉，让人以为照片中的元素都是微缩模型。

移轴镜头价格昂贵，如果负担不起这样的镜头，可以使用 Photoshop 中提供的【移轴模糊】滤镜来模拟这种效果。

❶ 选择 Develop Module Practice 收藏夹中的照片 lesson03-0010，将其拖入 Lesson 09 Images 收藏夹中。在菜单栏中选择【照片】>【在应用程序中编辑】>【在 Adobe Photoshop 2022 中编辑】。

> 💡 提示　如果照片中有镜面高光，请在【模糊画廊】工作区的【效果】区域中，尝试调整各个滑块以添加散景。该技巧适用于【模糊画廊】菜单中的所有滤镜。

❷ 在 Photoshop 中，在菜单栏中选择【滤镜】>【模糊画廊】>【移轴模糊】，进入【模糊画廊】工作区。此时，Photoshop 在画面中间放置一个大头针和模糊圆环，两侧分别有一条实线和虚线，如图 9-23 所示。

两条虚线之外的区域是完全模糊的，同一侧虚线和实线之间的区域是部分模糊的。

图 9-23

❸ 拖动中心圆点，可改变模糊位置，向上或向下拖动实线或虚线，可改变相应区域的宽度。

此外，移轴模糊也是可以旋转的。把鼠标指针移动到某条实线的圆点上，当鼠标指针变成弯曲的双向箭头时，按住鼠标左键拖动，可旋转移轴模糊，同时 Photoshop 会实时显示旋转的角度。

在右侧的【倾斜偏移】面板中,拖动【扭曲度】滑块,可改变底部模糊区域的形状。向左拖动,模糊变圆;向右拖动,缩放模糊效果。勾选【对称扭曲】后,【扭曲度】也会应用到上方的模糊区域中。

选项栏中的【聚焦】用来控制中间受保护区域(两条白色实线之间的区域)的模糊量,如图 9-24所示,减小【聚焦】的数值,可使中间区域略微失焦。

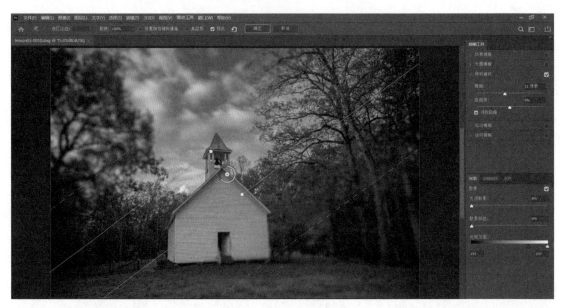

图 9-24

④ 在选项栏中,单击【确定】按钮,退出【模糊画廊】工作区,然后保存并关闭文档。在Lightroom 中比较模糊前后的画面,如图 9-25 所示。

图 9-25

9.3.3 添加运动模糊

拍摄风景照时,为了表现天空中的流云,一般都会使用慢门拍摄。天空中流动的云彩,或者摇摄时相机的运动都会在照片中留下漂亮的模糊效果。但是，使用慢门拍摄比较耗费时间，有时还困难重重。为此，Photoshop 专门提供了【径向滤镜】来帮助我们在后期中模拟运动模糊效果。

> 💡 注意　当把一张照片从一个收藏夹拖入另外一个收藏夹中时，Photoshop 会复制照片，而不会移动照片。

❶ 选择 Lesson 07 Images 收藏夹中的 lesson07-0011- 编辑，将其拖入 Lesson 09 Images 收藏夹中。

❷ 在 Lightroom 的【图库】模块中，使用鼠标右键单击画面，在弹出的快捷菜单中选择【在应用程序中编辑】>【在 Adobe Photoshop 2022 中编辑】。在【使用 Adobe Photoshop 2022 编辑照片】对话框中，选择【编辑原始文件】，单击【编辑】按钮，如图 9-26 所示。

图 9-26

❸ 前面在合成照片时，只是把摩托车添加到了背景照片中，背景照片是静态、清晰的，表现不出摩托车的动感。为表现摩托车疾驶的感觉，我们要给背景添加一点动感。在【图层】面板中，选中最下方的图层，即城市背景图层，如图 9-27 所示。

❹ 按快捷键 Command+J/Ctrl+J，复制出另外一个图层。

❺ 在 Photoshop 中，在菜单栏中选择【滤镜】>【模糊画廊】>【路径模糊】，进入【模糊画廊】工作区。在右侧【路径模糊】区域中，其名称右侧有一个勾选的复选框，表示当前应用的是【路径模糊】效果，下方有一系列滑块，用于控制模糊在画面中的可见程度，以及衰减方式。照片画面中出现一个箭头，箭头

图 9-27

两端各有一个白色圆点，用于指示模糊方向，如图 9-28 所示。

图 9-28

⑥ 把鼠标指针移动到某个白色圆点上并单击，白色圆点内部出现一个蓝色小圆点，略微向外移动鼠标指针，会显示出一个圆环，在圆环上拖动可改变模糊的【终点速度】。这里，把箭头端的【终点速度】设置为 799 像素，把【速度】设置为 50%，【锥度】设置为 0%。此时，画面中就有了一种摩托车正在疾驶的感觉。在选项栏中，单击【确定】按钮，退出工作区，如图 9-29 所示。

图 9-29

⑦ 现在，整个画面看起来比之前好多了，但总感觉摩托车好像是漂浮在背景之上，合成痕迹很明显，一点都不自然。为了解决这个问题，我们把摩托车图层复制一个，然后向复制出的图层应用另外一个路径模糊效果。这次，把模糊控制点沿着摩托车前进的方向拉动，把【速度】设置为 16%，【锥

度】设置为 27%,【终点速度】设置为 10 像素，如图 9-30 所示。

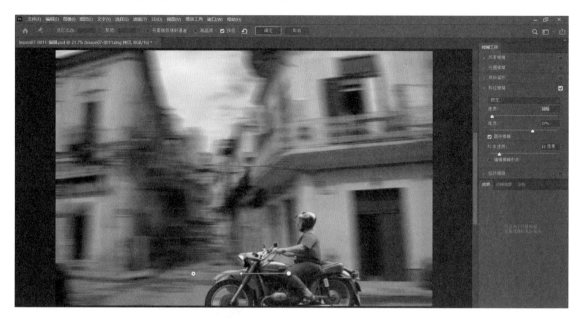

图 9-30

⑧ 在 Photoshop 中，保存并关闭文档。

9.3.4　向主体人物添加运动模糊

如果想给一张照片添加视觉兴趣点，可以使用模糊滤镜，让画面中的主体人物"动"起来。这样，即使画面中的主体是静止不动的，观者的大脑也会从画面中感受到运动，从而增加兴奋感。接下来，我们使用 Photoshop 中的两个滤镜——路径模糊和旋转模糊，让画面中的舞者"动"起来。

① 在 Lightroom 的【图库】模块中，使用鼠标右键单击照片 lesson09-0004，在弹出的快捷菜单中选择【在应用程序中编辑】>【在 Adobe Photoshop 2022 中编辑】，如图 9-31 所示。

图 9-31

②按快捷键 Command+J/Ctrl+J，复制【背景】图层，然后把新图层命名为 Motion，以便我们把运动图层与其下方的图层混合起来。

③在菜单栏中选择【滤镜】>【模糊画廊】>【路径模糊】，进入【模糊画廊】工作区。

④把模糊控制点放到人物的右半部分，然后向右拖动中心点，使其变成一条曲线。这里，把【速度】设置成 317%，【锥度】设置成 100%，勾选【居中模糊】，如图 9-32 所示。

图 9-32

⑤勾选【旋转模糊】，此时，我们在【路径模糊】的基础上又添加了一个模糊效果。把旋转模糊移动到人物右腿上，然后调整模糊形状，把【模糊角度】设置为 27°，如图 9-33 所示。设置完毕后，在选项栏中，单击【确定】按钮。

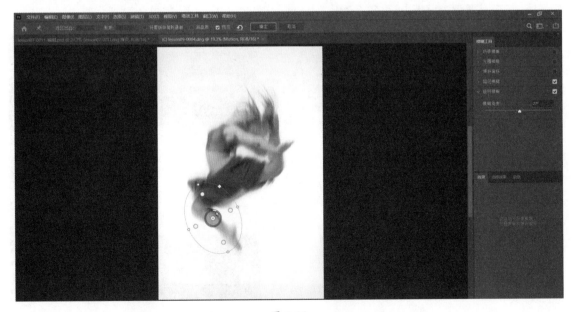

图 9-33

⑥ 在 Motion 图层处于选中的状态下，按住 Option/Alt 键，单击【图层】面板底部的【添加图层蒙版】按钮，用黑色图层蒙版把模糊效果隐藏起来。

> 💡**注意** 使用图层蒙版时，请牢记：黑隐白显（黑色隐藏，白色显示）。

⑦ 按 B 键，把当前工具切换成【画笔工具】，在选项栏中把【流量】设小一点，然后使用柔和的白色笔刷，在舞者身体上需要模糊的部位涂抹，形成一种使用慢门拍摄的感觉。根据需要，在相应部位涂抹，把模糊效果显现出来，如图 9-34 所示。若涂抹多了，请使用黑色画笔将其隐藏起来。全部完成后，保存并关闭文档。

图 9-34

9.4 综合案例：Instagram 轮播图

社交媒体对自我推销至关重要。许多人使用自己的照片作为个人资料图片，但其实我们可以制作更有趣的照片来促进互动，从而产生更大的影响力。

9.4.1 使用【天空替换】更换天空

下面，我们学习如何在 Photoshop 中使用一张照片创建可在 Instagram 中展示的轮播图。

① 在 Lightroom 的【图库】模块下，选择照片 lesson09-0006，然后按快捷键 Command+E/Ctrl+E，将其发送到 Photoshop 中。

② 在 Photoshop 中，在菜单栏中选择【编辑】>【天空替换】，打开【天空替换】对话框。Photoshop 会自动检测照片中的天空，并使用内置的天空素材将其替换掉。在【天空替换】对话框中，不仅可以指定要使用什么样的天空素材，还可以根据需要调整前景和天空，如颜色、缩放、亮度、光照等。这里，在【盛景】中选择了一个天空，【渐隐边缘】设置为 100，【缩放】设置为 100，【光照模式】

设置为【正片叠底】,【光照调整】设置为 74,【颜色调整】设置为 35。设置好后,单击【确定】按钮,如图 9-35 所示。

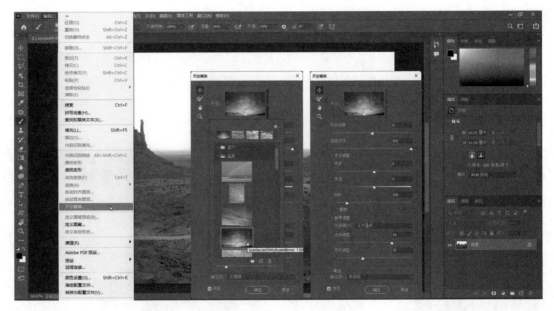

图 9-35

❸ 看一看【图层】面板,了解一下【天空替换】功能都对照片做了些什么,如图 9-36 所示。在合成图像的过程中,这些自动化操作可以大大节省时间,让你得以把更多的精力放到创作的其他部分。在 Photoshop 中,保存并关闭文档,然后返回 Lightroom。

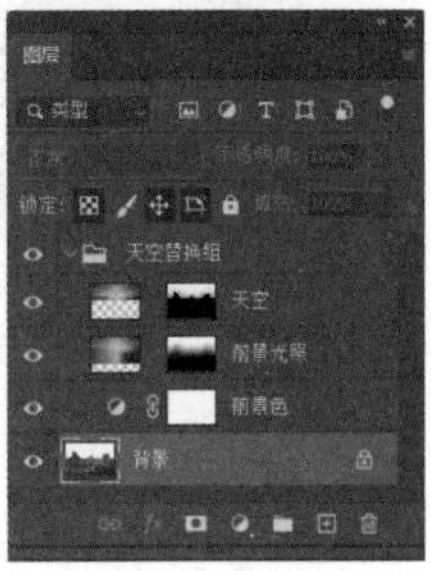

9.4.2 使用【内容识别缩放】扩展画面

替换好天空后,接下来,我们还需要把画面拓宽一些,方便我们把它切分成 3 部分。我们打开一个只包含背景图层的副本。

图 9-36

❶ 在 Lightroom 中,选择 lesson09-0006- 编辑,然后按快捷键 Command+E/Ctrl+E,在【使用 Adobe Photoshop 2022 编辑照片】对话框中,选择【编辑含 Lightroom 调整的副本】,单击【编辑】,如图 9-37 所示。这样,我们就可以保留一份备份文件,以防万一。

图 9-37

❷ 在【图层】面板中，单击背景图层右侧的锁头图标，解锁图层。此时，背景图层变成了【图层 0】。

❸ 按 C 键，切换至【裁剪工具】，单击画面。在选项栏中，选择【比例】，然后在第一个文本框中输入 3，第二个文本框中输入 1（即比例为 3∶1）。然后，向外拖动裁剪控制框，按 Return/Enter 键，应用裁剪，如图 9-38 所示。

图 9-38

❹ 在菜单栏中选择【编辑】>【内容识别缩放】。按住 Shift 键，分别向左和向右拖动图像左右边缘，使其填满整个画布。按 Return/Enter 键，应用变形。

❺ 在【图层】面板底部，单击【创建新的填充或调整图层】按钮，然后在弹出的菜单中选择【曲线】。向下拖动曲线中心点，略微压暗画面，如图 9-39 所示。

图 9-39

9.4.3　使用参考线和切片

这张图片以原始格式使用完全没有问题，但这里我想尝试一下使用 Instagram 的多图功能来制作全景图。Instagram 上的图片一般都是正方形的，前面我们把裁剪纵横比设置为 3:1，经过三等分后就能得到 3 个正方形图片。把图片切割成 3 个正方形，然后导出它们。

❶ 在画面中添加参考线：在菜单栏中选择【视图】>【新建参考线版面】，打开【新建参考线版面】对话框。【预设】菜单中有一系列内置的参考线版面可供选用，当然也可以自己创建参考线，操作起来也相当简单。在【新建参考线版面】对话框中，勾选【列】，在【数字】文本框中输入 3。取消勾选【行数】，【宽度】和【装订线】不做设置。勾选【预览】，在画面中实时显示参考线。如果会多次使用当前的参考线版面，请在【预设】菜单中选择【存储预设】，将其存储为 Instagram Carousel 预设。单击【确定】按钮，关闭【新建参考线版面】对话框，如图 9-40 所示。

接下来，我们可以分别选择各个区域（3 个区域），把它们分别粘贴到一个新文档中，然后保存各个文档。但是，如果一个图像不是切成 3 块，而是切成了很多块，这样做就会很麻烦。为此，Photoshop 专门提供了一个【切片工具】，大大加快了切割图片和导出图片的过程。

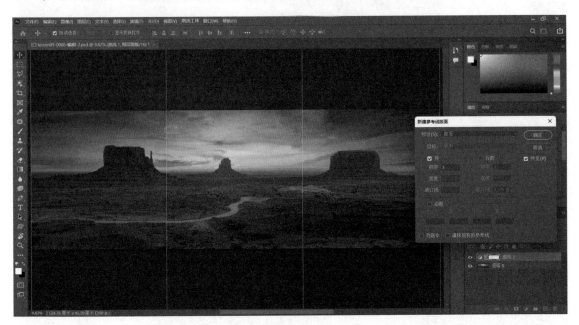

图 9-40

❷ 在【裁剪工具】组中，选择【切片工具】。从图片左上角往右下方拖动【切片工具】至第二条参考线与图片底边的交接点上，形成一个正方形。此时，正方形区域出现橙色边框，并且左上角出现"01"字样。使用相同方法，切割出另外两个正方形区域，如图 9-41 所示。

❸ 在菜单栏中选择【文件】>【导出】>【存储为 Web 所用格式（旧版）】，打开【存储为 Web 所用格式】对话框。若当前预览图太大，请按快捷键 Command+ −/ Ctrl+ −，把预览图缩小。对话框的左侧有一个【切片选择工具】，选择它，使用它单击某个正方形区域，然后在右侧区域中做好相应的导出设置。在【预设】菜单下方把【文件格式】设置为 JPEG,【品质】设置为 100，以获得最佳细节，如图 9-42 所示。

图 9-41

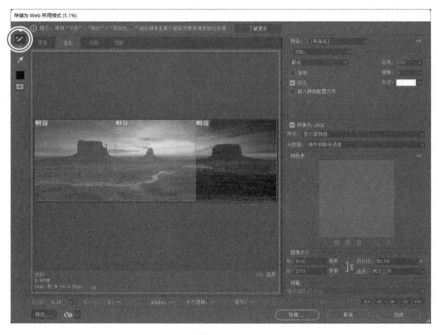

图 9-42

④ 在对话框底部，单击【存储】按钮，在【将优化结果存储为】对话框中，在桌面上创建一个名为 Carousel 的文件夹，进入其中。在【格式】菜单中，选择【仅限图像】；在【设置】菜单中，选择【默认设置】；在【切片】菜单中，选择【所有切片】。把【文件名】设置为 mittens.jpg，如图 9-43所示。

导出完毕后，所有图片切片都会保存在 Carousel 文件夹中。在 Carousel 文件夹中，有一个名为 images 的子文件夹，其中包含所有图片切片，各个切片名称的前半部分是 mittens_，后半部分是一个数字编号，如图 9-44 所示。

| 图 9-43 | 图 9-44 |

⑤ 前往 Instagram 网站，新建一个帖子。从 Carousel 文件夹中，选择 3 个正方形切片，按正确顺序上传到网站中。然后，填写图片描述，添加 photoshop 等标签，最后单击 Share 按钮分享出去，如图 9-45 所示。

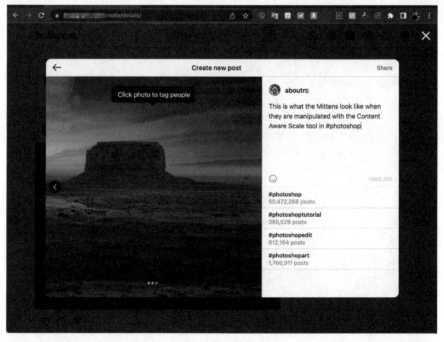

图 9-45

9.5 复习题

1. 在 Photoshop 中，复制一个图层的快捷键是什么？
2. 打开一幅图像，发现【滤镜库】不能用，该怎么办？
3. 【画笔工具】和【混合器画笔工具】有什么不同？
4. 如何把图像某个区域中的滤镜效果隐藏？
5. 使用什么滤镜可以给照片添加动感效果？
6. 如何切割图片，以及如何导出切割好的图片？

9.6 答案

1. 使用快捷键 Command+J/Ctrl+J，可以快速复制一个图层，其对应【图层】>【新建】>【通过拷贝的图层】。
2. 请尝试先把图像转换成 8 位的，然后再使用【滤镜库】。
3. 【画笔工具】只是用来把一种颜色涂在另一种颜色上，而【混合器画笔工具】，可以把画笔上的颜色与图像上的颜色混合。
4. 不管是哪种滤镜效果，都可以使用图层蒙版来隐藏。
5. 使用【路径模糊】和【旋转模糊】滤镜可以给照片添加动感效果。
6. 使用【切片工具】切割图片，然后使用【存储为 Web 所用格式】导出切割好的图片。

第10课

使用 Photoshop 合成照片

课程概览

　　图像编辑技术最厉害的地方在于，能够以充满创意的方式合成照片，包括添加纹理、制作拼贴等。Lightroom 不支持图层，因此，我们必须使用 Photoshop 来完成这些"壮举"。不过，在 Lightroom 中，我们能够轻松地把同一场景、不同曝光的多张照片合成一个 HDR 图像，或者把几张空间上连续的照片拼接成一张全景图。当然，我们还可以把多组不同曝光且在空间上连续的照片合成一张 HDR 全景图。

　　本课学习如下内容。

- 使用图层混合模式为照片添加纹理。
- 使用软笔刷和图层蒙版或形状工具融合照片。
- 把照片组合成拼贴。
- 把多张照片合成集体照。
- 在 Lightroom 中把多张照片合成 HDR 图像和全景图，以及 HDR 全景图。

学习本课需要 **2~2.5** 小时

　　除了把多张照片合成 HDR 图像或全景图外，想要实现其他照片合成的操作，Photoshop 都是最佳选择。

10.1 课前准备

学习本课内容之前，请先做好如下一些准备工作。

请注意，如果你已经按照本书前言"创建 Lightroom 目录"中的说明，创建好了 LPCIB 文件夹和 LPCIB Catalog 目录文件，下载本课课程文件并放入 LPCIB\Lessons 文件夹中，请直接跳到第 3 步。

① 在计算机中创建一个名为 LPCIB 的文件夹，然后在其中创建 Lessons 文件夹，并把本课课程文件放入其中。

② 参考前言"创建 Lightroom 目录"中的说明，在 LPCIB 文件夹下创建 LPCIB Catalog.lrcat 目录文件（该文件位于 LPCIB\LPCIB Catalog 文件夹中）。

③ 启动 Lightroom，在菜单栏中选择【文件】>【打开目录】，找到之前创建的 LPCIB Catalog 目录，将其打开。或者，在菜单栏中选择【文件】>【打开最近使用的目录】>【LPCIB Catalog.lrcat】，将其打开。

④ 参考 1.3.3 小节中介绍的方法，把本课用到的照片导入 LPCIB Catalog 目录中。

⑤ 在【图库】模块的【文件夹】面板中，选择 lesson10 文件夹。

⑥ 在【收藏夹】面板中，新建一个名为 Lesson 10 Images 的收藏夹，然后把 lesson10 文件夹中的照片全部添加到其中。

⑦ 在预览区域下方的工具栏中，把【排序依据】设置为【文件名】，如图 10-1 所示。

图 10-1

接下来，我们学习如何在 Photoshop 中合成照片。先从简单的给照片添加纹理学起，再逐步学习融图技术。

10.2 添加纹理与制作拼贴

在 Photoshop 中合成照片的方法有很多，这些方法都需要在 Photoshop 中把每张照片单独地放在一个图层上。在 Lightroom 中，使用【在 Photoshop 中作为图层打开】命令可快速实现这个目标，省去了手动操作的麻烦。

把每张照片单独地放在一个图层上，编辑的灵活性大大提高，我们可以分别控制各个图层的不透明度、大小和位置，从而得到想要的结果。此外，还可以控制图层之间颜色的作用方式，用以产生有趣的混合效果。

在合成照片之前，先在 Lightroom 中调整好每张照片的色调和颜色。在 Photoshop 中合成好照片后，再回到 Lightroom 中做一些收尾工作，如添加暗角等。

下面我们学习如何使用一张照片给另一张照片添加纹理。

10.2.1　用一张照片给另一张照片添加纹理

给一张照片添加纹理的最简单方法是将其与另一张照片混合。在 Photoshop 中，使用图层混合模式，我们可以改变各个图层之间颜色混合或相互抵消的方式。几乎任何一张照片都可以作为纹理使用，如自然风景、生锈金属、混凝土地面、大理石、木材等。

下面我们把一张旧的、脏兮兮的墙面的纹理照片和另一张教室照片混合起来，让照片画面有一种老旧的感觉。

① 在 Lesson 10 Images 收藏夹中，选择照片 lesson10-0007。按住 Command/Ctrl 键，单击照片 lesson10-0030，同时选择这两张照片。

② 在菜单栏中选择【照片】>【在应用程序中编辑】>【在 Photoshop 中作为图层打开】，或者，使用鼠标右键单击其中一张照片，在弹出的快捷菜单中选择【在应用程序中编辑】>【在 Photoshop 中作为图层打开】。此时，Photoshop 启动并在同一个文档中打开两张照片，它们分别位于不同的图层上。

③ 纹理照片没教室照片大，所以需要把纹理照片放大。在【图层】面板中，选中纹理图层，将其拖动到顶层。按快捷键 Command+T/Ctrl+T，或者在菜单栏中选择【编辑】>【自由变换】，进入自由变换状态。此时，纹理照片四周出现自由变换控制框，上面有一些用来调整大小的方形控制点。

> 💡 注意　若【图层】面板未显示出来，请在菜单栏中选择【窗口】>【图层】，将其显示出来。

④ 按住 Option/Alt 键，向外拖动某个角上的控制点，直到纹理照片与教室照片一样宽。按住 Option/Alt 键拖动控制点，可实现从中心点等比例缩放。若看不见 4 个角上的控制点，可按快捷键 Command+0/Ctrl+0，或者在菜单栏中选择【视图】>【按屏幕大小缩放】，让 Photoshop 自己调整文档的缩放级别。按 Return/Enter 键，应用变换，如图 10-2 所示。

⑤ 在【图层】面板左上角的图层混合模式菜单中，选择【柔光】。此时，纹理照片与下方的教室照片混合在一起，在画面的某些区域中，还出现了轻微的染色效果。

具体选择哪种图层混合模式，主要取决于照片中的颜色和我们想要的效果。如我们所见，选择【柔光】图层混合模式，能够很好地把两张照片融合在一起，产生一种复古的感觉。应用【柔光】图层混合模式后，画面中，比 50% 灰暗的颜色的亮度会降低，比 50% 灰亮的颜色的亮度会增加。

有关图层混合模式的更多内容，请阅读"图层混合模式基础"。

> 💡 提示　尝试不同图层混合模式时，可以使用快捷键。具体做法是：先激活【选择工具】，然后按住 Shift 键，不断按加号键（＋）或减号键（－），在不同图层混合模式之间向前或向后切换。此外，还可以在图层混合模式菜单中，向上或向下移动鼠标指针切换成不同的图层混合模式。

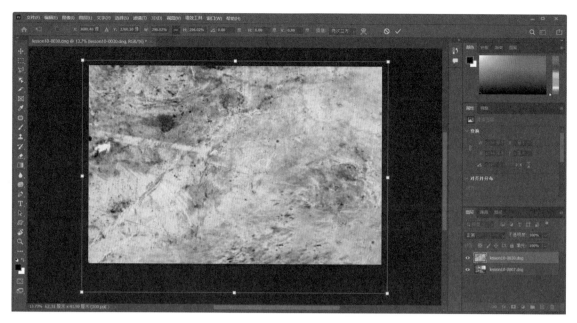

图 10-2

❻ 在【图层】面板右上角，降低【不透明度】，直到觉得纹理看起来不错。这里，把【不透明度】设置成 74%，如图 10-3 所示。

图 10-3

❼ 我们把整体效果压暗。在【图层】面板底部，单击【创建新的填充或调整图层】按钮，然后在弹出的菜单中，选择【曲线】。

❽ 在【属性】面板中，向下拖动曲线的中点，当【输入】为 121、【输出】为 78 时，停止拖动，如图 10-4 所示。

图 10-4

⑨ 我们添加一个着色图层，让画面带点深棕色。再次单击【创建新的填充或调整图层】按钮，然后在弹出的菜单中选择【色相/饱和度】。

⑩ 在【色相/饱和度】的【属性】面板中，拖动【色相】滑块，根据色轮中颜色的顺序移动所有颜色（注意观察【属性】面板底部的两条颜色带）。或者，勾选【着色】，使用在【色相】上选择的颜色对画面着色。在【色相】上选好着色颜色后，拖动【饱和度】和【明度】滑块，可进一步调整所选的颜色。把【色相】设置为 48，【饱和度】设置为 22，【明度】设置为 0，如图 10-5 所示。

图 10-5

⑪ 在【图层】蒙版中，单击各个图层左侧的眼睛图标，可把图层隐藏起来，再次单击同一个位

置，可把图层再次显示出来。请使用这种方法，检查调整效果。按住 Option/Alt 键，单击最下方图层左侧的眼睛图标，可把纹理图层和调整图层同时隐藏起来；再次单击，可把它们再次显示出来。

> ♀注意　如果想再次调整纹理图层的不透明度或饱和度，请在 Lightroom 中，选择 PSD 文件，然后选择【照片】>【在应用程序中编辑】>【在 Adobe Photoshop 2022 中编辑】。在【使用 Adobe Photoshop 2022 中编辑照片】对话框中，选择【编辑原始文件】，在 Photoshop 中打开包含图层的 PSD 文件。

⓬ 在菜单栏中选择【文件】>【存储】（或者按快捷键 Command+S/Ctrl+S），保存文档，然后在菜单栏中选择【文件】>【关闭】（或者按快捷键 Command+W/Ctrl+W），关闭文档。

此时，编辑好的照片和原始照片保存在同一个文件夹下，而且其在 Lightroom 中是以 PSD 格式存在的。纹理添加前后的画面如图 10-6 所示。

图 10-6

10.2.2　使用软笔刷和图层蒙版融图

在 Photoshop 中融合多张照片时，最实用、最灵活的方法是使用大号软笔刷在图层蒙版上涂抹。Photoshop 中的图层蒙版相当于数字版本的胶纸带。如果不想要图层中的某一部分内容，可以使用蒙版将其隐藏起来，这比直接擦除（删除）灵活得多。

接下来，我们使用画笔工具配合图层蒙版，把两张风景照自然地融合在一起。

❶ 在 Lightroom 的【图库】模块中，单击照片 lesson10-0001，然后按住 Command/Ctrl 键，单击照片 lesson10-0021，把它们同时选中。

❷ 在菜单栏中选择【照片】>【在应用程序中编辑】>【在 Photoshop 中作为图层打开】。

上方图层比下方图层小。这里，我们希望按上方图层的尺寸裁剪下方图层，同时又不想丢失下方图层的信息。

❸ 选择【裁剪工具】，根据上方图层的尺寸，裁剪下方图层。裁剪前，请先在选项栏中取消勾选【删除裁剪的像素】，如图 10-7 所示。

> ♀注意　调整照片前，可能需要重置裁剪尺寸。在选项栏中，单击【清除】按钮，清除比例。此外，调整照片大小时，还可以在裁剪控制框内单击鼠标右键，然后在弹出的快捷菜单中选择【复位裁剪】。

图 10-7

④ 裁剪完成后，缩小视图，把城市图层移动到沙漠图层之上。按快捷键 Command+T/Ctrl+T，进入自由变换状态。然后，调整城市照片，使其天空与沙漠的天空大致对齐，如图 10-8 所示。对齐天空时，可把上方图层的不透明度调低一些，便于观察。按 Return/Enter 键，应用变形。

图 10-8

⑤ 按住 Option/Alt 键，在【图层】面板底部单击【添加图层蒙版】按钮，添加一个黑色蒙版，把上方图层的内容完全隐藏起来。选中黑色蒙版。

⑥ 按 B 键，切换至【画笔工具】。在选项栏中，从【画笔预设选取器】中选择一个软笔刷，然后按 D 键，把【前景色】设置成白色。在选项栏中，把【不透明度】设置为 100%，【流量】设小一点。在沙漠照片的天空区域中涂抹，把上方图层城市照片中的天空显露出来，乌云密布的天空能够极大地改变画面给人的感觉，如图 10-9 所示。

图 10-9

❼ 默认设置下，当创建出一个图层蒙版后，图层蒙版会自动与其所在图层的内容链接在一起，它会随着图层的移动而移动，但我们可以改变这种行为。在图层缩览图与图层蒙版之间有一个锁链图标。单击锁链图标，可取消图像与蒙版之间的链接，此后，就可以分别移动它们了。

图层混合模式基础

学习图层混合模式时，可以把图层上的颜色想象成由如下 3 部分组成。

· 基色：这是最开始的颜色，也就是照片中已经存在的颜色。图层堆叠顺序不会影响大多数图层混合模式的作用结果，我们可以把基色想象成最下方图层上的颜色。

· 混合色：这是你要添加到基色中的颜色，它可以是照片中另外一个图层上的颜色，也可以是你用画笔工具涂抹在图层上的颜色。

· 结果色：这种颜色是应用某种图层混合模式把基色与混合色混合后得到的颜色。

为了帮助大家更好地理解这些内容，我们创建两个图层，在下方图层中绘制一个黄色圆，在上方图层中绘制一个蓝色圆，然后把绘有蓝色圆的图层的混合模式更改为【变暗】。这样，我们就得到了第三种颜色，这种颜色不在任何一个图层中，如图 10-10 所示。试想一下：你戴上一副太阳眼镜，然后环顾四周，此时你看到的颜色是真实颜色和镜片颜色混合在一起得到的结果。

在【图层】面板中，打开图层混合模式菜单，菜单中的图层混合模式分成好几组。其中，第二、第三、第四组在混合照片时常用到。第二组以【变暗】开始，该组图层混合模式用于压暗或加深照片画面。使用其中某一个图层混合模式时，Photoshop 会比较基色和混合色，把较暗的颜色保留下来，最终得到的照片画面会比之前的显得暗一些。画面中的白色和其他浅颜色将会消失不见。

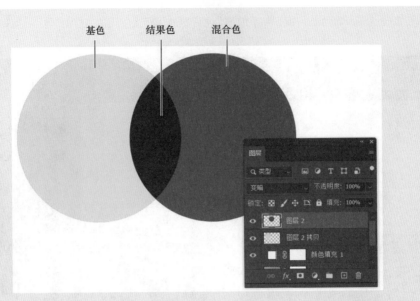

基色　　　结果色　　混合色

图 10-10

　　第三组以【变亮】开始，该组图层混合模式用于提亮或减淡照片画面。使用其中某一个图层混合模式时，Photoshop 会比较基色和混合色，把较亮的颜色保留下来，最终得到的画面会比之前的显得亮一些。画面中的黑色和其他深颜色将会消失不见。

　　第四组以【叠加】开始。这组图层混合模式也称为对比度增强模式，它们会使画面中的暗颜色变得更暗、亮颜色变得更亮，最终使整个画面的对比度得到进一步增强。

　　取消链接后，按快捷键 Command+T/Ctrl+T，进入自由变换状态，按住 Option/Alt 键，拖动右上角的控制点，把照片放大一些，使天空多显露一些，如图 10-11 所示。此时，拖动城市照片，蒙版保持不动，把天空显露的大小调整到合适水平。按 Return/Enter 键，应用变换。

图 10-11

⑧ 调整完成后，保存并关闭文档，然后返回 Lightroom。进入【筛选】视图模式，比较合成前后画面的变化，如图 10-12 所示。

图 10-12

10.2.3　使用渐变蒙版融图

在 Photoshop 中，另外一种融图的方法是在图层蒙版上使用【渐变工具】。当不需要蒙版边缘紧贴主体轮廓时，使用这种方法会非常方便。

使用【渐变工具】融合两张照片的操作步骤与前面学习的使用软笔刷融图的操作步骤基本相同。区别在于，我们不是使用画笔在图层蒙版上涂抹，而是使用从黑到白的渐变从一张照片平滑、无缝地过渡到另外一张照片。

① 在 Lightroom 的【图库】模块中，单击照片 lesson10-00031，然后按住 Command/Ctrl 键，单击照片 lesson10-0032，把它们同时选中。

这两张照片都是在纽约拍摄的。在这两张照片中，车轨都只占了画面的一半（分别是左半部分和右半部分），如图 10-13 所示，这里希望车轨能贯穿整个画面。此外，这两张照片的亮度也不太一样，融图之前，我们应该先把两张照片的亮度调得差不多才行。

② 进入【修改照片】模式，把第一张照片的【曝光度】设置为 -1.75,【对比度】设置为 +25,【高光】设置为 -25,【纹理】设置为 +43。

③ 在两张照片同时处于选中的状态下，在菜单栏中选择【设置】>【统一为选定照片曝光度】，如图 10-14 所示。此时，Lightroom 会自动调整照片曝光度，使两张照片保持一致。按 N 键，进入【筛选】视图，检查两张照片的亮度是否一致，如图 10-15 所示。

图 10-13

图 10-14

图 10-15

④ 在菜单栏中，选择【照片】>【在应用程序中编辑】>【在 Photoshop 中作为图层打开】。

⑤ 在【图层】面板中，选中 lesson10-0031 图层，按住 Option/Alt 键，在面板底部单击【添加图层蒙版】按钮。此时，Photoshop 会给所选图层添加一个黑色蒙版，把图层内容隐藏起来，显示出下方图层的内容。

⑥ 前面我们学过，可以使用白色画笔在黑色蒙版上涂抹，把所选图层的内容显示出来，但这里使用【渐变工具】融合两个图层中的内容。按 G 键，把当前工具切换成【渐变工具】，然后，按 D 键，把前景色和背景色重置为默认值（图层蒙版处于激活状态）。

⑦ 在选项栏中，单击渐变缩览图右侧的下拉按钮，打开【渐变拾色器】。在【基础】下，选择【前景色到背景色渐变】（默认值）。这样，当拖动鼠标创建渐变时，起点就是前景色（白色），终点则是背景色（黑色）。在黑色蒙版上拖动鼠标创建渐变时，渐变起点处的内容完全显露出来，然后逐渐隐藏，直至完全消失（黑色）。

⑧ 在"PERSHING SQUARE"标志牌下，从左到右拖动，创建渐变，如图 10-16 所示。请注意：创建渐变时，拖动的长短和方向不同，所得到的渐变也不同。

拖动的距离越短，过渡区域越窄，过渡越生硬（虽然不是硬过渡，但也差不多）；拖动的距离越长，过渡区域越宽，过渡越柔和、自然。若沿着竖直方向自下而上拖动，画面上半部分显示的是下方图层中的内容，画面下半部分显示的是当前图层中的内容。若自上而下拖动，画面上半部分显示的是当前图层中的内容，画面下半部分显示的是下方图层中的内容。

图 10-16

在黑色蒙版上，自左向右拖动时，起点左侧区域是 100% 的前景色（100% 显示当前图层内容），终点右侧区域是 100% 的背景色（100% 显示下方图层内容），如图 10-17 所示。

⑨ 在菜单栏中选择【文件】>【存储】（或者按快捷键 Command+S/Ctrl+S），保存文档，然后在菜单栏中选择【文件】>【关闭】（或者按快捷键 Command+W/Ctrl+W），关闭文档，返回 Lightroom。按 D 键，进入【修改照片】模块，在【基本】面板中，对图像做如下调整：【曝光度】设置 为 +0.70、

【对比度】设置为 +43、【高光】设置为 –50、【阴影】设置为 +36、【纹理】设置为 +45，如图 10-18 所示。

图 10-17

图 10-18

10.2.4 使用图层样式制作拼贴

在 Photoshop 中，我们还可以使用带羽化边缘的形状工具来快速融合照片。本节学习如何在 Photoshop 中快速制作拼贴，我们先把照片调整成一个个小矩形，然后使用图层样式把它们与主照片区别开，同时确保它们拥有相似的大小和外观。在这个过程中，我们会用到"图层组"。

① 在 Lightroom 的【图库】模块中，单击照片 lesson10-0024，然后按住 Command/Ctrl 键，单击照片 lesson10-0027 与 lesson10-0028，把它们同时选中，如图 10-19 所示。

② 在菜单栏中选择【照片】>【在应用程序中编辑】>【在 Photoshop 中作为图层打开】。

③ 照片 lesson10-0028 是 3 张照片中尺寸最小的，在【图层】面板中，我们把它拖动到顶层，首先处理它，如图 10-20 所示。

图 10-19

图 10-20

④ 按快捷键 Command+T/Ctrl+T,进入自由变换状态,向内拖动控制框左上角的控制点,将其尺寸变得更小一些。按 Return/Enter 键,应用变换。

⑤ 双击图层名称右侧区域,打开【图层样式】对话框。接下来,使用图层样式向照片中添加描边和投影。

⑥ 在左侧列表中,勾选【描边】,把【大小】设置为 4 像素,【位置】设置为【外部】,【颜色】设置为白色。然后,在左侧列表中,勾选【投影】,把颜色设置为黑色,【混合模式】设置为【正片叠底】,【不透明度】设置为 56%,【距离】设置为 50 像素,【扩展】设置为 0%,【大小】设置为 65 像素。

单击【确定】按钮，关闭【图层样式】对话框，如图 10-21 所示。

图 10-21

❼ 在【图层】面板中，把最下方图层拖动到最上方。在【图层】面板中，按住 Option/Alt 键，把鼠标指针移动到其下图层的【效果】二字上，按住鼠标左键拖动至当前图层上，如图 10-22 所示。此时，前面应用的效果就会被添加到当前图层上，这样就不用再做一遍了，省时省力。

图 10-22

❽ 添加好效果后，按快捷键 Command+T/Ctrl+T，根据下方图层尺寸，调整当前图层的尺寸。按照下方图层尺寸调整当前图层尺寸时，当前图层会自动与其下方图层对齐，如图 10-23 所示。

图 10-23

⑨ 在【图层】面板中，按住 Shift 键，同时选中两个小图层。在【图层】面板底部单击【创建新组】按钮。此时，Photoshop 会新建一个图层组，并把前面选中的两个图层放入其中。此时，可以使用【移动工具】统一调整图层组中所有图层的位置，或者使用【自由变形工具】统一调整图层组中所有图层的尺寸。在图层组中，单击各个图层，可分别移动各个图层，如图 10-24 所示。

图 10-24

我喜欢针对整个图层组做变换，这样在确定照片的缩放尺寸时，可保证两张照片尺寸相同。把图层组中的所有图层缩放到指定尺寸后，单击图层组中的各个图层，把它们分别移动到指定的位置上。移动照片的同时按住 Shift 键，可确保照片沿着水平方向或垂直方向移动，保证两张照片始终是对齐的。

万一不小心移动了其中一张照片，可以按住 Command/Ctrl 键，使用【移动工具】单击两张照片，把它们同时选中，然后在选项栏中使用对齐选项将它们重新对齐。

　　⑩ 把最下方的图层解锁，然后使用【移动工具】将其略微向左移动，让画面构图更合理一些。此时，画面右侧出现一些空白区域，如图 10-25 所示。接下来，解决这个问题。

图 10-25

　　⑪ 使用【矩形选框工具】框选画面右侧空白区域，注意选区左端要与画面右端有一部分重叠。

　　⑫ 在菜单栏中选择【编辑】>【填充】，在【内容】菜单中选择【内容识别】，单击【确定】按钮。此时，Photoshop 会把画面右侧的空白区域填充上，使整个画面构图更和谐一些。

　　⑬ 保存并关闭文档，返回 Lightroom。然后，根据需要，继续做一些收尾性的调整工作，如图 10-26 所示。

图 10-26

10.3 合成集体照

有一点不得不承认，集体照不太好拍。遇到的问题千奇百怪，比如，拍集体照时，我们希望大家都面带微笑，可有人偏偏就是不笑，好不容易大家都面带微笑了，有人却闭着眼睛。好在我们有 Photoshop，当某些问题在前期无法克服时，我们可以在后期处理时使用 Photoshop 利用多张照片合成出令人满意的集体照。

接下来，我会把几张家庭成员的小合照合成一张大合照。这些照片中涉及的家庭成员有我的母亲、我的弟弟、我的妻子、我的女儿和我自己。我还没有机会给他们拍摄一张大合照，但我可以先给他们合成一张。

> ♀ 警告　在使用自己的照片学习本节内容时，请先在 Photoshop 中合成好照片后，再执行裁剪操作。这样可保证我们有足够多的像素用于各种调整和处理。

❶ 在 Lightroom 的【图库】模块中，按住 Command/Ctrl 键，单击照片 lesson10-0022 与 lesson10-0023，把它们同时选中。

❷ 在菜单栏中，选择【照片】>【在应用程序中编辑】>【在 Photoshop 中作为图层打开】。

❸ 这两张照片是同一时间拍摄的。上方图层（lesson10-0022 图层）中的人物从左到右是我的弟弟、我的母亲、我自己，我想把我的妻子和女儿也添加进去。首先，把 lesson10-0022 图层拖动到最下方，如图 10-27 所示。

图 10-27

❹ 选择 lesson10-0023 图层，使用【对象选择工具】把我的女儿（萨拜因，位于画面左侧）选出来，如图 10-28 所示。然后按快捷键 Command+J/Ctrl+J，将其单独复制到一个新图层上。

❺ 选择 lesson10-0023 图层，使用【对象选择工具】把我的妻子（詹妮弗，位于画面右侧）选出来。然后按快捷键 Command+J/Ctrl+J，将其单独复制到一个新图层上，如图 10-29 所示。

图 10-28

图 10-29

⑥ 单击 lesson10-0023 图层左侧的眼睛图标，将其隐藏。按住 Shift 键，分别单击两个人物图层，把它们同时选中，然后使用【移动工具】把它们移动到画面左侧。在两个图层仍处于选中的状态下，按快捷键 Command+T/Ctrl+T，调整两个图层的大小，使图层中的人物与其他人的比例协调，如图 10-30 所示。

图 10-30

❼ 在【图层】面板中，单击最上方两个图层左侧的眼睛图标，把它们隐藏起来，然后选择最下方图层（lesson10-0022 图层）。使用【对象选择工具】把画面左侧的人物（我的弟弟）选出来，如图 10-31 所示。然后按快捷键 Command+J/Ctrl+J，将其单独复制到一个新图层上。

图 10-31

⑧ 在【图层】面板中，把刚刚复制出的新图层移到最上方，即把【图层3】移动到【图层1】和【图层2】上方，然后显示出隐藏的图层（不包括照片 lesson10-0023 所在的图层），如图 10-32 所示。这样，就轻而易举地把我的妻子和女儿放在了我弟弟的后面。

而且，这种前后的穿插关系也有助于增强画面的空间感和层次感。尝试调整我的女儿和妻子所在图层的大小和位置，使画面和谐、一致。最后，按快捷键 Command+S/Ctrl+S，保存文档；按快捷键 Command+W/ Ctrl+W，关闭文档，返回 Lightroom，做一些收尾性的调整，比较合成前后画面，如图 10-33 所示。

图 10-32

图 10-33

10.4 合成 HDR 图像

在用相机拍摄的照片中，几乎没有照片在暗调、中间调、亮调上全是完美的。在一张照片的直方图中，我们会经常看到某一端的信息要比另一端的信息多，也就是说，这张照片要么高光区域曝光良好，要么暗部区域曝光良好，而非两个区域曝光都好。这是因为数码相机的动态范围是有限的，这决定了相机在一次拍摄中只能收集特定量的数据。如果拍摄场景中有高光区域也有暗部区域，那么拍摄时，就必须决定要让哪个区域曝光准确。也就是说，我们不可能在同一张照片中让高光区域和暗部区域的曝光同时准确，正所谓"鱼和熊掌不可兼得"。

为了制作出高光区域和暗部区域曝光都准确、细节都丰富的照片，请从下面两种方法中任选一种使用。

- 拍摄照片时，使用 Raw 格式拍摄，然后在 Lightroom 中做色调调整。拍摄时，只要照片高光区域保留了丰富的细节（检查相机的直方图），就可以在 Lightroom 中使用【基本】面板把高光细节"抢救"回来。
- 同一个场景选用不同的曝光值（Exposure Value，EV）拍摄多张照片，然后在 Lightroom 中合成 HDR 照片。拍摄照片时，可以手动设置不同的曝光值，为同一个场景拍摄 3~4 张照片；也可以使用相机的包围曝光功能让相机自动拍摄多张照片。

使用包围曝光功能时，可以设置相机拍摄几张照片（至少拍 3 张，但多多益善），以及每张照片之间的曝光度相差多少（建议设置成 1EV 或 2EV）。例如，拍摄 3 张照片，一张照片正常曝光，一张照片过曝一挡或二挡，一张照片欠曝一挡或二挡。

在最近几个版本中，Lightroom 创建 HDR 图像的能力有了很大的提升。虽说 Lightroom 和 Photoshop 都能用来合成 HDR 图像，但相比之下，使用 Lightroom 合成 HDR 图像会更容易一些，因为在 Lightroom 中我们可以快速切换到【基本】面板对合并结果做调整。

接下来，我们学习一下如何在 Lightroom 中合成 HDR 图像，以及在处理多组照片时如何加速整个流程。

10.4.1 在 Lightroom 中合成 HDR 图像

下面我们使用 Lightroom 把 5 张不同曝光的照片合成一张 HDR 图像，然后对合成后的 HDR 图像做一些调整，如添加一些效果等。

❶ 在【图库】模块下，单击照片 lesson10-0007，然后按住 Shift 键，单击照片 lesson10-0011，把 5 张照片同时选中。

❷ 使用鼠标右键单击任意一张选中的照片，在弹出的快捷菜单中选择【照片合并】>【HDR】，如图 10-34 所示，或者按快捷键 Control+H 或 Ctrl+H。

图 10-34

此时，Lightroom 开始创建 HDR 预览图，其速度是非常快的。我曾经在 Lightroom 中合成过尺寸非常大的 HDR 图像，其预览图的生成速度真是超出想象。

> 💡 提示 一张 HDR 图像经过调整处理后，有可能是真实风格的，也有可能是超现实风格的。真实风格的图像中保留着大量细节，画面看上去也很自然。超现实风格的图像更多的是强调画面的局部对比度和细节，要么饱和度很高，要么饱和度很低（脏调风格）。调成什么样的风格没有对错之分，全凭个人的主观想法。

❸【HDR 合并预览】窗口中有多个选项帮助我们控制合成过程，如图 10-35 所示。

- 自动对齐：拍摄照片时，相机三脚架可能会发生轻微移动，导致最终拍摄到的多张照片之间的像素发生位移。勾选【自动对齐】后，Lightroom 会尝试对齐每张照片，纠正像素位移。

- 【自动设置】：勾选【自动设置】后，Lightroom 会把【修改照片】模块下【基本】面板中的设置应用到合成后的图像上，通常能得到一个不错的结果。这里建议勾选【自动设置】，如果觉得不合适，还可以在合成完成后继续修改它。

- 【伪影消除量】：消除画面中出现的伪影。拍摄照片时，有时会突遇强风，导致树枝摇晃，或有人从镜头前经过。此时，可以在【伪影消除量】中选择消除运动的强度。请根据具体情况，选择是否开启该选项。

- 【显示伪影清除叠加】：当在【伪影消除量】下选择了某种消除强度后，可以勾选【显示伪影消除叠加】，显示应用伪影消除校正的位置。
- 【创建堆叠】：勾选【创建堆叠】后，Lightroom 将把生成的 HDR 图像与原始照片堆叠起来。有关照片堆叠的内容不在本书讨论范围之内，这里请不要勾选【创建堆叠】。

图 10-35

单击【合并】按钮后，Lightroom 就开始在后台合成 HDR 图像，期间可以继续在 Lightroom 中调整其他照片。而在早期版本的 Lightroom 中，合成 HDR 图像期间，我们不能继续处理其他照片，必须等到 HDR 图像合成完毕之后才可以。现在，可以返回 Lightroom 继续处理其他照片，等待 HDR 图像合成完成。

在 Lightroom 中合成 HDR 图像的另外一个好处是，合成得到的 HDR 图像仍然是 Raw 文件（DNG格式）。相比于转换成像素数据的图像，Raw 图像的后期空间更大，我们可以随意调整其色温、色调，以及做其他各种调整。

10.4.2　合成 HDR 图像时使用"无显模式"

在 Lightroom 中合成 HDR 图像还有一个好处，那就是可以使用"无显模式"。在合成 HDR 图像时，有时我们并不希望 Lightroom 弹出【HDR 合并预览】窗口，因为我们不想做任何设置，只想让 Lightroom 马上开始合成。按住 Shift 键，使用鼠标右键单击任意一张选中的照片，在弹出的快捷菜单中选择【照片合并】>【HDR】，如图 10-36 所示，Lightroom 不会弹出【HDR 合并预览】窗口，而是会马上开始合成 HDR 图像。

图 10-36

10.4.3 使用 Photoshop 增强边缘对比

另外一种扩展动态范围（模拟）的方法是，使用 Photoshop 中的【高反差保留】滤镜来增强边缘对比。【高反差保留】滤镜有点类似于 Lightroom 中的【清晰度】和【去朦胧】，但使用它，我们可以做更多控制。

按照如下步骤试一试。

❶ 这里我们使用前面编辑过的一张照片。选择 lesson10-0031- 编辑，然后在菜单栏中选择【照片】>【在应用程序中编辑】>【在 Adobe Photoshop 2022 中编辑】（或者按快捷键 Command+E/Ctrl+E），选择【编辑含 Lightroom 调整的副本】，单击【编辑】按钮，如图 10-37 所示。

❷ 按快捷键 Command+J/Ctrl+J，复制【背景】图层。

图 10-37

❸ 在菜单栏中，选择【滤镜】>【其他】>【高反差保留】。

【高反差保留】滤镜用于增强边缘对比细节，画面其他部分保持不变，以此突出画面中的主体。

❹ 在【高反差保留】对话框中，把【半径】滑块拖动到左端，然后往右拖动，直到看清画面中的对象轮廓。这里，把【半径】设置为 5 像素。单击【确定】按钮，如图 10-38 所示。此时，画面是灰色的。接下来，我们解决这个问题。

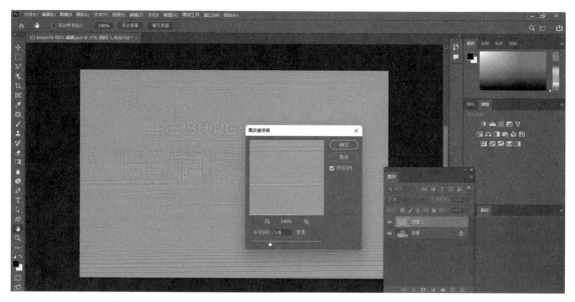

图 10-38

⑤ 在【图层】面板中，把当前图层的图层混合模式设置为【柔光】。

⑥ 在有纹理细节的区域中，边缘对比度得到了增强，但在画面的柔和区域中，其边缘对比度也得到了增强。这不太好，我们需要把这个问题解决一下。在【图层】面板底部，单击【添加图层蒙版】按钮，然后选择【画笔工具】。在【画笔预设选取器】中，选择一个软笔刷，把【前景色】设置成黑色，【不透明度】设置为 100%，【流量】设置为 15%。在那些不希望应用【高反差保留】效果的画面区域中涂抹，将【高反差保留】效果去除。若涂抹过度，请单击 X 键，将【前景色】设置成白色，在涂抹过度的部分上涂抹，将其显示出来，如图 10-39 所示。

图 10-39

⑦ 在 Photoshop 中，保存并关闭文档，然后返回 Lightroom。

10.5 全景接片

全景图能够给人一种完全沉浸其中的感觉。过去，拍摄全景图需要使用特制镜头，以确保有足够的宽度，可以容下想要拍摄的大场景。但现在，我们可以在 Lightroom 或 Photoshop 中轻松地把若干张特意拍摄的照片合成一张全景图。我们只需要拍摄一系列照片，Lightroom 会自动完成全景接片工作。

与合成 HDR 图像一样，Lightroom 和 Photoshop 都能把多张照片拼接成一张全景图。而且，在 Lightroom 中拼接全景图更容易，原因有如下几个。

首先，Lightroom 中有一个【边界变形】滑块，用来变换合并结果的形状以填充矩形图像边界，从而保留更多的图像内容。以前，我们必须使用 Photoshop 中的内容识别填充功能来防止裁剪，但现在这些在 Lightroom 中都能轻松地完成。

其次，Lightroom 拼接后得到的照片也是一个 Raw 文件（DNG 格式），这种文件为我们提供了很大的后期空间，可以在【修改照片】模块中使用各种工具自由地调整它。再次，全景接片时，Lightroom 也支持"无显模式"。

最后，2018 年 10 月发布的 Lightroom 中新增了合成 HDR 全景图的功能，将合成 HDR 图像与拼接全景图两个步骤合二为一，给我们提供了极大的便利。

10.5.1 在 Lightroom 中拼接全景图

> ♀ 提示 拍摄全景接片照片时，一定要保证前后两张照片之间有 30% 左右的重叠量。拍摄前，请手动设置好对焦点和曝光值，这样可防止拍摄不同照片时这些参数发生变化。另外，拍摄时，尽量使用三脚架。

这一节我们使用 Lightroom 中的【全景图】命令把 4 张照片拼接成一张全景图。拼接全景图时，照片的顺序无关紧要，Lightroom 会自动分析照片，并确定如何正确地把它们拼接在一起。当全景图拼接好之后，再继续调整照片的颜色与色调。

❶ 在【图库】模块下，按住 Command/Ctrl 键，单击 lesson10-0001 ～ lesson10-0004，把 4 张照片同时选中。请不要选择前面编辑过的 PSD 文件。

❷ 使用鼠标右键单击选中的 4 张照片中的任意一张，在弹出的快捷菜单中，选择【照片合并】>【全景图】，如图 10-40 所示，或者按快捷键 Control+M 或 Ctrl+M。

与构建 HDR 预览图一样，Lightroom 构建全景图预览的速度也非常快。在新版本的 Lightroom 中，全景图预览是使用内嵌的 JPEG 构建的。如果前期照片拍摄没问题，合成过程会非常顺利。但如果有问题，Lightroom 分析照片的时间会增加，而且可能会产生不理想的结果。

在 Lightroom 中拼接全景图时，如果某些照片无法用来拼接全景图，Lightroom 会明确指出来。而且，Lightroom 会自动把这些照片剔除掉，继续尝试拼接其他照片。

❸ 在【全景合并预览】窗口中，Lightroom 提供了 3 种投影模式，每种模式都值得试一试。如果全景图非常宽，建议选用【圆柱】投影模式。在合成 360° 全景图或者多排全景图时，请选择【球面】投影模式。若照片中包含大量线条（比如建筑物照片），合成全景图时，请尝试选择【透视】投影模式。

图 10-40

　　本示例中，选择【球面】投影模式比较好。但是照片周围会有许多白色区域，这些区域要么裁剪掉，要么填充上。

　　④ 向右拖动【边界变形】滑块，直到画面中的白色区域全部消失，照片充满整个预览区域。

　　【边界变形】滑块在矫正照片变形方面很出色，有了它，我们就不再需要手动裁剪或填充画面边缘的白色区域了。如果想裁剪掉照片周围的空白区域，请勾选【自动裁剪】。把【边界变形】滑块往回拖，使其数值为 0。

　　⑤ 取消勾选【自动裁剪】，勾选【填充边缘】。此时，Lightroom 会使用 Photoshop 的内容识别填充功能来填充周围的空白区域，如图 10-41 所示。如果不希望改动照片内容，请拖动【边界变形】滑块，移动原有像素并覆盖掉周围的空白区域。如果不希望照片有任何变形，请勾选【填充边缘】。

图 10-41

　　⑥ 单击【合并】按钮，关闭【全景合并预览】窗口。

Lightroom 把 4 张照片拼接在一起，最终生成一张无缝融合的全景图。

10.5.2　合成全景图时使用"无显模式"

合成全景图时往往需要花费一些时间，为了节省时间，加快工作流程，我一般会使用"无显模式"。具体做法是：按住 Shift 键，使用鼠标右键单击所选照片，然后在弹出的快捷菜单中选择【照片合并】>【全景图】，如图 10-42 所示。此时，Lightroom 将不会打开【全景合并预览】窗口，直接在后台合成全景图。

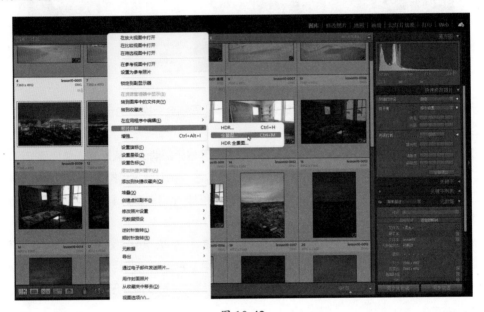

图 10-42

全景图合成完毕后，会出现在【图库】模块下，选中它，可对其做其他调整，如图 10-43 所示。

图 10-43

10.5.3 合成 HDR 全景图

在 Lightroom 中，我们还可以把一系列照片（曝光不同、前后照片内容是连续的）直接合成 HDR 全景图。在早期版本的 Lightroom 中，合成 HDR 全景图需要两步：首先把多张不同曝光的照片合成单张 HDR 图像，然后把多张 HDR 图像合成一张全景图。而现在，只需执行一个命令就能同时完成这两步，合成后的图像是 DNG 格式，保留了大量细节，后期空间很大。

前段时间，我在墨西哥用包围曝光的方式拍摄了一系列照片。接下来，我们使用 Lightroom 把这些照片合成 HDR 全景图。

❶ 在【图库】模块下，单击照片 lesson10-0012，按住 Shift 键，单击照片 lesson10-0021，同时选中 10 张照片，如图 10-44 所示。

图 10-44

❷ 在选中的 10 张照片中，使用鼠标右键单击任意一张照片，在弹出的快捷菜单中选择【照片合并】>【HDR 全景图】。执行该命令时，Lightroom 会先把 10 张照片合成 HDR 图像，然后再合成全景图。或许大家会觉得这个过程要花费不少时间，但其实非常快。

本例中，使用【边界变形】滑块消除周围空白区域不可行，否则会导致画面扭曲太厉害，将其数值设置为 0。在【选择投影】中，单击【球面】，单击【合并】按钮，如图 10-45 所示。在 Lightroom 的【修改照片】模块下，使用【裁剪叠加】工具剪裁，裁剪出一个矩形画面。

❸ 合成完毕后，会得到一张非常棒的 HDR 全景图，整个过程都是由 Lightroom 自动完成的。进入【修改照片】模块，可以进一步调整照片的色调，增加画面细节，如图 10-46 所示。

如你所见，在 Lightroom 中合成 HDR 图像、全景图，以及 HDR 全景图很容易。只要掌握上面讲解的这些方法，就可以随时随地制作它们。

图 10-45

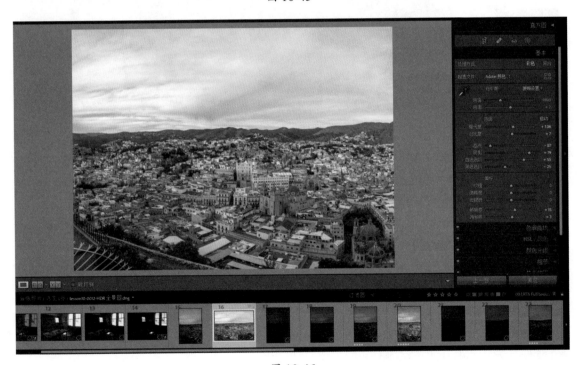

图 10-46

10.6　复习题

1. 如何从 Lightroom 中把多张照片以图层的形式发送给 Photoshop，创建一个包含多个图层的文档？

2. 在 Photoshop 中，如何给照片添加纹理？

3. 在图层蒙版中，黑色代表的是隐藏内容还是显示内容？

4. 相比于 Photoshop，在把多张不同曝光的照片合成 HDR 图像时，Lightroom 有什么优势？

5. 相比于 Photoshop，在把多张照片合成全景图时，Lightroom 有什么优势？

6. 把多张不同曝光的照片合成多张 HDR 图像，然后把多张 HDR 图像合成一张全景图，这在 Lightroom 中可以一步搞定吗？

10.7　答案

1. 在 Lightroom 中，在菜单栏中选择【照片】>【在应用程序中编辑】>【在 Photoshop 中作为图层打开】，可把多张照片以图层的形式发送给 Photoshop 并创建一个包含多个图层的文档。

2. 在 Photoshop 中，可以使用图层混合模式给照片添加纹理。

3. 在图层蒙版中，黑色代表的是隐藏内容。

4. 可以更轻松地访问到色调映射控件，而且不需要在 Lightroom 目录和硬盘上创建 PSD 文件。

5. 在 Lightroom 中合成全景图时，可以使用【边界变形】滑块消除画面周围的白色区域（因对齐多张照片导致画面扭曲而产生），这样就不需要裁剪白色区域，也不需要填充白色区域了。同时，还可以轻松地访问到色调映射控件，也不需要在 Lightroom 目录和硬盘上单独创建 PSD 文件。

6. 可以。在 Lightroom 中，使用【照片合并】>【HDR 全景图】命令，可一步搞定！

第 11 课

导出与展示作品

课程概览

在 Lightroom 与 Photoshop 中编辑好照片后，接下来就该导出和展示作品了。在这些方面，Lightroom 是绝对的"王者"。Lightroom 提供了多种照片导出选项，如导出为 DNG、适用于电子邮件、分享至社交平台、打印，以及制作画册、幻灯片和 Web 画廊等。

本课学习如下内容。

- 创建身份标识。
- 向照片中添加水印和个人签名。
- 通过电子邮件发送 Lightroom 目录中的照片。
- 创建自定义单张照片艺术风格的打印模板。
- 计算照片的最大打印尺寸。
- 制作画册、幻灯片和 Web 画廊。

学习本课大约需要 2 小时

Lightroom 提供了多种展现作品的方式，可以帮助我们轻松搞定品牌推广，如精美的艺术风格印刷画。

11.1　课前准备

学习本课内容之前，请先做好如下一些准备工作。

请注意，如果你已经按照本书前言"创建 Lightroom 目录"中的说明，创建好了 LPCIB 文件夹和 LPCIB Catalog 目录文件，下载本课课程文件并放入 LPCIB\Lessons 文件夹中，请直接跳到第 3 步。

❶ 在计算机中创建一个名为 LPCIB 的文件夹，然后在其中创建 Lessons 文件夹，并把本课课程文件放入其中。

❷ 参考前言"创建 Lightroom 目录"中的说明，在 LPCIB 文件夹下创建 LPCIB Catalog.lrcat 目录文件（该文件位于 LPCIB\LPCIB Catalog 文件夹中）。

❸ 启动 Lightroom，在菜单栏中选择【文件】>【打开目录】，找到之前创建的 LPCIB Catalog 目录，将其打开。或者，在菜单栏中选择【文件】>【打开最近使用的目录】>【LPCIB Catalog.lrcat】，将其打开。

❹ 参考 1.3.3 小节中介绍的方法，把本课用到的照片导入 LPCIB Catalog 目录中。

❺ 在【图库】模块的【文件夹】面板中，选择 lesson11 文件夹。

❻ 在【收藏夹】面板中，新建一个名为 Lesson 11 Images 的收藏夹，然后把 lesson11 文件夹中的照片全部添加到其中。

❼ 在预览区域下方的工具栏中，把【排序依据】设置为【文件名】，如图 11-1 所示。

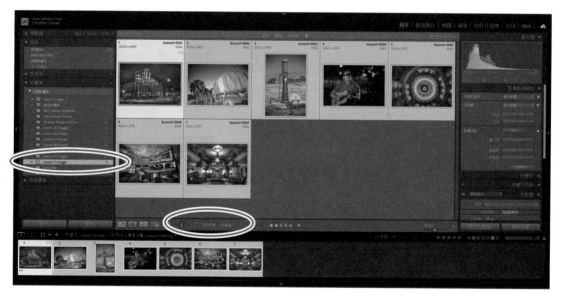

图 11-1

下面，我们学习如何创建身份标识和水印。

11.2　创建身份标识

Adobe 公司了解到有些摄影师会在公共场合使用 Lightroom，为此，Adobe 公司推出了身份标识功能，允许我们自定义 Lightroom 窗口左上角的 Adobe 品牌图标。制作身份标识时，可以使用格式化文本，也可以使用自己制作的图形，或者两者一起用。在 Lightroom 中，可以根据需要自己定义多个身份标识，并把它们保存成预设，以便在相册、幻灯片、打印、Web 模块中使用。

接下来，我们创建一个文本风格的身份标识。

① 在 Lightroom 中，在菜单栏中选择【Lightroom Classic】>【设置身份标识】（macOS），或者【编辑】>【设置身份标识】（Windows）。在【身份标识编辑器】对话框中，在左上角的【身份标识】菜单中选择【已个性化】。

② 选择【使用样式文本身份标识】，在单选按钮下方的黑色区域中，输入你的名字、工作室名称或 URL。

③ 像在文字处理程序中一样，格式化文本：选择想要格式化的文字，然后使用文字下方的字体、样式、大小菜单进行格式化。这里选择的字体是 HelveticaNeueLT Std Lt。若想改变文字颜色，请选择文字，然后单击文字大小菜单右侧的灰色方框，从拾色器中选择一种颜色。

格式化文本时，所做的更改会实时显示在 Lightroom 窗口的左上角。

在对话框右侧，可以修改模块名称的字体、样式、大小和颜色，使其与你的身份标识在风格上保持一致。

④ 设置好身份标识后，打开【自定】菜单，选择【存储为】。在【将身份标识另存为】对话框中，输入一个名称，单击【存储】按钮，如图 11-2 所示。此时，刚刚创建好的身份标识预设就出现在【身份标识】菜单中。

图 11-2

⑤ 单击【确定】按钮，关闭【身份标识编辑器】对话框。

现在，就可以在 Lightroom 的其他模块中访问自己的身份标识了，而且可以控制它的不透明度、大小和位置。

要想创建图形身份标识，需要先在 Photoshop 中设计好图形。设计图形时，图形高度不应超过41 像素（macOS）或 46 像素（Windows），而且要把图形保存成 PNG 格式，以便保留图形的透明度。在【身份标识编辑器】对话框中，选择【使用图形身份标识】，单击【查找文件】按钮。在【查找文件】对话框中，找到你制作的图形，选择它，单击【选择】按钮。

下面，我们学习如何创建一个自定义的水印。

11.3 创建水印

在一张照片中添加水印（文字或图形），可指明这张照片的创作者，这些水印一般出现在画面的左下角或右下角。给照片添加水印，不仅可以有效地遏制盗图行为，还有助于创作者宣传自己，比如你可以在水印中加上自己的 URL，这样感兴趣的客户就能轻松找到并联系到你。

接下来，我们创建一个简单的文字风格的水印。

❶ 在 Lightroom 中，在菜单栏中，选择【Lightroom Classic】>【编辑水印】(macOS)，或者【编辑】>【编辑水印】(Windows)。在【水印编辑器】窗口的右上角选择【文本】。

❷ 在预览图下方的文本区域中，输入水印文本。在文本区域中，可以输入自己的名字或者个人网站的 URL。默认设置下，水印文本是以版权符号（©）或 "Copyright"（版权）开头的，后面跟着输入的文本。

> 💡注意　按快捷键 Option+G/Alt+0169，可快速添加版权符号。

❸ 在【文本选项】面板中，使用各个选项格式化输入的文本，同时勾选【阴影】。

格式化文本时，并不需要事先选择输入的文字，也就是说，我们无法对文字的不同部分分别格式化。勾选【阴影】，可保证水印在白色背景上也有较高的辨识度。在【阴影】区域中，不断调整各个滑块，直到获得满意的阴影效果。

> 💡提示　与身份标识一样，我们可以根据需要创建任意多个水印（文字或图形），而且它们不一定与品牌有关。比如，可以创建 PROOF 字样的水印（粗体），将其用在【打印】模块中以指示照片的状态。

❹ 在【水印效果】面板中，把【不透明度】设置成 70。在【大小】区域中，选择【比例】，拖动滑块，把【大小】设置为 11。在【内嵌】区域中，把【水平】和【垂直】设置成 3，让水印与画面边缘保持一定距离。在【定位】图标中，单击右下角的圆圈，把水印移到画面右下角。

选择【比例】后，Lightroom 会自动调整水印大小，以保证无论使用哪种尺寸导出照片，水印看起来都一样。

❺ 单击【存储】按钮，在【新建预设】对话框中，输入一个名称，这里输入的是 RC Watermark Helvetica Neue CB，单击【创建】按钮，如图 11-3 所示。

> 💡提示　单击【定位】图标右侧的【旋转】图标，可旋转水印。

Lightroom 把刚刚保存的预设添加到【水印编辑器】窗口左上角的【自定】菜单中。

这样一来，我们创建的水印预设在程序的多个地方都可以使用了，包括【导出】窗口。

图 11-3

11.4　通过电子邮件发送照片

在 Lightroom 中，通过电子邮件发送 Lightroom 目录中的照片非常简单，而且不需要事先导出它们。Lightroom 会自动调整照片大小，以及转换文件格式（比如，将 Raw 格式转换成 JPEG 格式）。具体操作如下。

❶ 选择几张照片，然后在菜单栏中选择【文件】>【通过电子邮件发送照片】。

❷ 在弹出的对话框中，在【收件人】中输入接收者的电子邮箱地址，然后在【主题】中输入一些内容。

❸ 在【发送人】中选择电子邮件程序。若使用的是 Web 电子邮件，请在【发件人】中选择【转至电子邮件账户管理器】。在【Lightroom 电子邮件账户管理器】对话框中，单击对话框左下角的【添加】按钮。

使用签名创建图形

在 Lightroom 中使用自己的签名制作身份标识或水印非常简单，而且操作起来也很容易。把签名制作成身份标识后，就可以在 Lightroom 中的各个地方使用它了，比如把签名放到一幅精美的艺术印刷品上，相关内容稍后讲解。

首先，用一支细细的黑色记号笔在一张白纸上写下自己的名字。然后，用扫描仪或相机把签名变成一个图像，并在 Photoshop 中打开它。在【图层】面板中，单击背景图层右侧的锁头，将其解锁。单击面板底部的【添加图层样式】按钮，在弹出的菜单中选择【混合选项】，打开【图层样式】对话框。

在【混合颜色带】中，把【本图层】右端的滑块向左拖动，直到签名的白色背景变成透明，如图 11-4 所示。

单击【确定】按钮，保存成 PSD 文件，以便日后编辑。

为方便在 Lightroom 中使用，我们需要把签名的透明背景保留下来。为此，在菜单栏中选择【文件】>【存储为】，打开【存储为】对话框，在【保存类型】中选择【PNG】。在【PNG 格式选项】对话框中，单击【确定】按钮，将其关闭。在 Lightroom 中，使用前面介绍的【身份标识编辑器】窗口或【水印编辑器】窗口把签名制作成身份标识或水印。

图 11-4

在【新建账户】对话框中，输入账户名称和服务提供商。在【服务提供商】菜单中选择某个具体的服务商，Lightroom 会自动添加发送服务器设置。若选择【其他】，则需要手动添加发送服务器设置。在【发送服务器设置】中添加好相关设置后，还需要在【凭据设置】中添加登录信息（如电子邮箱地址、用户名、密码），单击【验证】，再单击【完成】。

这些设置只需做一次。设置完成后，电子邮件账户就会出现在【发件人】中。

❹ 从左下角的【预设】菜单中，选择一种尺寸，然后单击【发送】按钮，如图 11-5 所示。

Lightroom 为电子邮件准备好照片，打开电子邮件程序，并准备一个附有照片的新邮件。

图 11-5

⑤ 如果电子邮件程序有调整大小的选项，请选择【实际大小】（或类似选项），然后发送邮件。

11.5 导出照片

调整好照片并添加好效果后，就该使用【导出】命令把照片从 Lightroom 目录中导出了。执行【导出】命令后，Lightroom 会创建照片副本，同时保留所有编辑。在【导出】窗口中，我们可以对照片做各种设置，如指定名称、大小、文件格式（比如，从 Raw 格式转换成 JPEG 格式），以及添加锐化和水印等。导出操作也是在后台进行的，期间可以继续使用 Lightroom 处理其他照片，包括导出照片。

接下来，我们会导出一批照片，用来发布到网上，并把导出设置保存成一个预设，以供日后使用。

> 💡 注意　在 Lightroom 所有模块下都可以使用【导出】命令。例如，在【修改照片】模块下，在胶片窗格中选择一张或多张照片，然后在菜单栏中选择【文件】>【导出】，即可打开【导出】窗口。

① 在【图库】模块的【收藏夹】面板中，选择 Lesson 11 Images，然后在【网格视图】下，随便选择几张照片。在菜单栏中选择【文件】>【导出】，或者单击【图库】模块左下角的【导出】按钮。

此时，Lightroom 打开【导出】窗口。左侧【预设】区域中列出了一些常用的导出预设，还有我们自己创建的导出预设。在 Lightroom 中，每次可导出的照片数量没有限制。

② 在【导出】窗口顶部，打开【导出到】菜单，从中选择【硬盘】。

③ 单击【导出位置】标题栏，将其展开，在【导出到】菜单中选择【桌面】。勾选【存储到子文件夹】，在右侧文本框中输入 Final Images for Client。不要勾选【添加到此目录】。在【现有文件】菜

单中，选择【询问要执行的操作】，如图 11-6 所示。

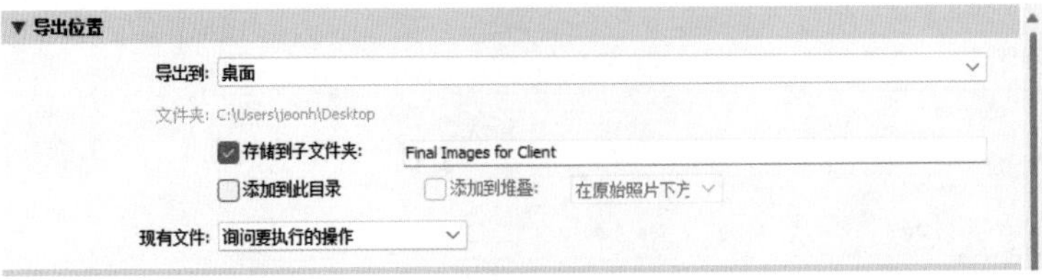

图 11-6

导出自己的照片时，可以在【导出到】菜单中选择【指定文件夹】或【原始照片所在的文件夹】，但在命名子文件夹时，最好起一个有意义的名字，如 Final Images for Client。

勾选【添加到此目录】后，Lightroom 会自动把导出的照片添加到 Lightroom 目录中。这里，不需要勾选它，因为主文件已经在 Lightroom 目录中了，我们可以随时从其中导出另外一个副本。

❹ 在【文件命名】中，勾选【重命名为】，然后在右侧菜单中，选择一个想用的文件名格式。

在【重命名为】菜单中，选择【编辑】，可打开【文件名模板编辑器】对话框，在其中可访问【外部编辑】首选项中的文件命名模板。

若导出的照片最终要上传并发布到网上，请务必把文件名中的空格替换成下画线。这里，我们选择【自定名称 - 序列编号】，在【自定文本】文本框中输入 rc_finals，把【起始编号】设置为 1，如图 11-7 所示。

图 11-7

❺ 在【文件设置】区域中，在【图像格式】菜单中选择 JPEG，把【品质】设置为 80，从【色彩空间】菜单中选择【sRGB】，如图 11-8 所示。

图 11-8

💡 提示 在 Lightroom 中，我们不能以 PNG 格式导出照片，但在 Photoshop 中是可以的。前面讲解"使用签名创建图形"时，说的就是在 Photoshop 中把签名保存成透明的 PNG 图像。

若是如下几种情况，请把【品质】设置成 100：提交到售图网站（图库）；上传至在线打印服务提供商；交付给客户可打印的 JPEG 图片。【品质】的数值越大，图像质量越高，文件尺寸也越大。如果不是用来打印，把【品质】设置成 80 就足够了，一方面保证了图像质量，另一方面也可以把文件尺寸减小。

互联网标准色彩空间是 sRGB，大多数在线打印服务提供商都使用它（使用在线打印服务前，最好还是先问一下服务提供商，确定他们用的是哪一种色彩空间）。导出照片时，若选择了较大的色彩空间，最终导出的照片画面就会显得灰一些。

⑥ 在【调整图像大小】区域中，取消勾选【调整大小以适合】。若导出的照片是要发布到网上的，请勾选【调整大小以适合】，并做相应设置，以确保照片符合上传网站的要求，这样网站就不会调整照片的大小了。勾选【调整大小以适合】后，在右侧菜单中选择【长边】，把长度单位设置为【像素】（网络图像的最佳选择），然后输入希望的最长边是多少（宽度或高度）。【分辨率】保持当前设置不变。

💡 提示　【文件大小限制为】用来在导出照片时限制最终文件的大小，使其满足特定的要求，比如某个网站允许上传的图片大小。勾选【文件大小限制为】，然后在其右侧的文本框中输入文件的最大尺寸（单位为 KB）。

　　若导出的照片是用来打印的，请取消勾选【调整大小以适合】，保留照片原有的像素数。根据你用的打印机，设置一个合适的分辨率。针对大多数桌面型喷墨打印机和在线打印服务，把【分辨率】设置成 240 像素 / 英寸（ppi）即可。如果照片要刊登在杂志上，建议去问一问杂志社把分辨率设置成多少合适。如果导出的照片最终要发布到网上，那分辨率设置成多少都无所谓，因为这里的分辨率是指打印照片时每英寸多少个像素。

⑦ 在【输出锐化】下，不要勾选【锐化对象】。

　　当调整照片大小时，照片的清晰度会变差一些，所以最好给照片做一点锐化。与导入照片时应用的锐化（输入锐化），以及在 Lightroom（或 Photoshop）中调整照片时应用的锐化（创意锐化）一样，【输出锐化】也是一种独立的锐化，而且它可以与上面两种锐化叠加在一起使用。

　　若导出的照片是要发布到网上的，勾选【锐化对象】后，在右侧菜单中选择【屏幕】，然后在【锐化量】菜单中选择【标准】。

⑧ 在【元数据】区域下，在【包含】菜单中选择【仅版权和联系信息】，如图 11-9 所示。当然，前提是已经在【图库】模块下的【元数据】面板中添加了它们。

💡 注意　版权信息嵌入在导出文件的元数据中，但不会出现在照片画面中，这点与水印不一样。

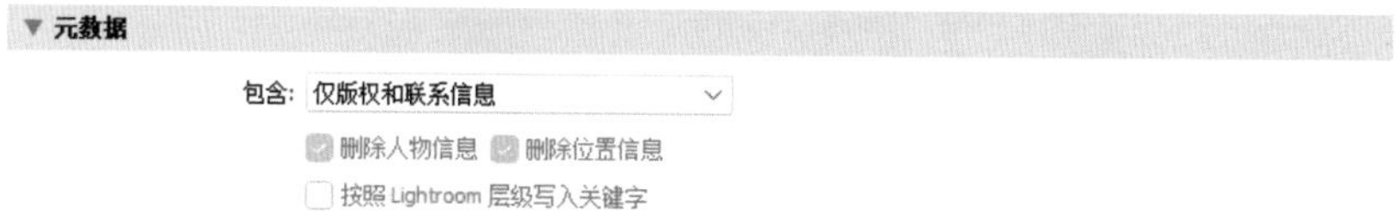

图 11-9

⑨ 在【添加水印】区域中，勾选【水印】，在右侧菜单中选择前面制作的水印。Lightroom 会在导出的每张照片画面中添加上指定的水印。

　　若导出的照片是要交付给客户的，建议关闭水印。

⑩ 在【后期处理】区域中，选择【无操作】。

　　若选择【在资源管理器中显示】，当导出完毕后，操作系统就会自动启动【文件资源管理器】，同时打开导出文件夹。

⑪ 在【预设】区域下方，单击【添加】按钮。

⑫ 在【新建预设】对话框中，输入一个描述性的预设名称，比如 JPEG 80 sRGB CC，在【文件夹】菜单中选择【用户预设】，单击【创建】按钮，如图 11-10 所示。

图 11-10

这样，我们就把前面的设置保存成了一个预设，以便日后使用。通过预设的描述性名称，我们能立马知道设置中指定了什么样的图像格式、品质、色彩空间和元数据（版权和联系方式）。

想要使用 JPEG 80 sRGB CC 预设导出其他照片，请在【导出】窗口的【预设】区域中，在【用户预设】中选择 JPEG 80 sRGB CC；或者在菜单栏中选择【文件】>【使用预设导出】，然后选择希望使用的预设。

⓭ 在【导出】窗口底部，单击【导出】按钮，如图 11-11 所示。稍等片刻，Lightroom 就会以 JPEG 格式把照片导出到在第 3 步中选择的文件夹中。

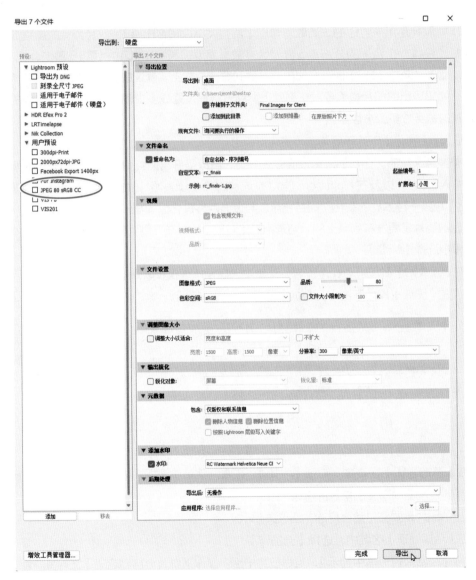

图 11-11

Lightroom 会记住上一次使用的导出设置，即使重启 Lightroom，上一次导出设置仍存在。在一次导出完成后，如果发现还有一些照片需要使用相同设置导出，只需选择那些照片，然后在菜单栏中选择【文件】>【使用上次设置导出】即可。此时，Lightroom 不再显示【导出】窗口，它会把你选择的照片立即导出到上一次指定的文件夹中。

11.6 使用多个预设批量导出

工作中，如果经常需要把一张照片导出为多个版本，以便将其用在不同用途（如打印、网页、图库）中，那么我们可以针对这些用途分别创建一个预设，将导出照片的工作自动化。针对不同用途，每个预设中指定的文件名、分辨率、文件格式、压缩方式等都不一样，如图 11-12 所示。

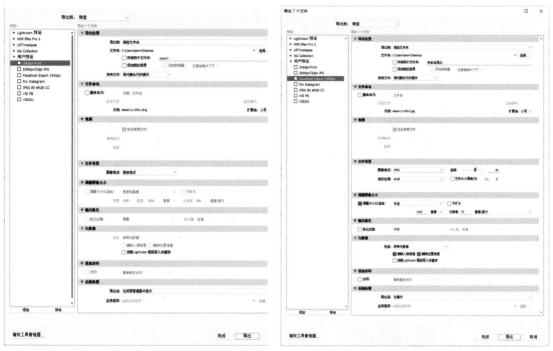

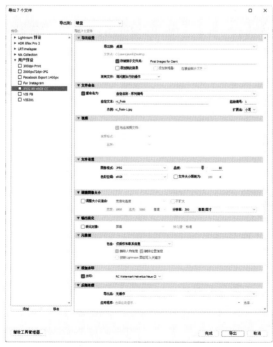

图 11-12

有了预设后，在导出照片时，直接选择想用的多个预设，把照片批量导出即可，如图 11-13 所示。在【导出】窗口中，当勾选多个预设后，窗口底部的【导出】按钮就会变成【批量导出】按钮，单击它，Lightroom 会根据你选择的预设把照片导出成不同版本，如图 11-14 所示。当需要把照片导出成多个版本时，选择多个预设批量导出能够大大节省时间，提高工作效率。

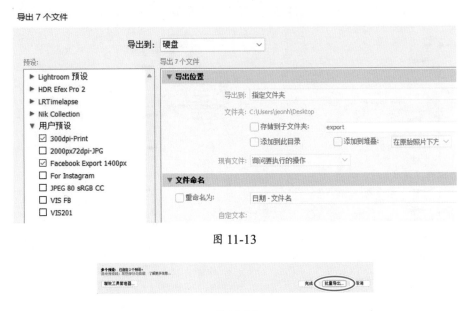

图 11-13

图 11-14

11.7 打印设置

Lightroom 的【打印】模块非常强大，我们可以使用它对打印进行多种控制，比如在一张纸上打印单张照片或者在一张纸上打印多张照片。【打印】模块提供了许多有用的照片打印预设，当然它也允许我们自己创建打印预设。在 Lightroom 中，可以把照片发送到自己的打印机上打印，也可以把设计好的打印版面保存成 JPEG 图片，然后通过电子邮件发送给当地的打印服务提供商，或者上传给在线打印服务提供商。

本节中，我们学习如何打印单张照片，如何给照片添加个人签名（身份标识），打印出带有个人签名的作品。

> 💡 提示　把打印布局保存成 JPEG 图片后，可以轻松地通过上传操作或电子邮件将其发送给客户。例如，我们可以创建一个多照片模板，将其用在社交平台或博客中。使用 Lightroom 为社交账号制作封面照片完全没有问题，但相比之下，使用 Photoshop 制作的灵活性更高，比如我们可以轻松地添加各种文字，而且还可以保存成 PNG 图片，PNG 图片中的文字要比 JPEG 图片清晰得多。

❶ 在【图库】模块下，选择一张照片，然后单击工作区顶部的【打印】模块按钮（或者按快捷键 Command+P/Ctrl+P）。

【打印】模块下有一个【模板浏览器】面板，里面列出了许多常用的打印模板，其中某些模板还颇具创意。

② 单击左下角的【页面设置】按钮，在【打印设置】对话框中，选择打印机、纸张大小和方向等，单击【确定】按钮，如图 11-15 所示。

图 11-15

③ 返回 Lightroom，在右上角展开【布局样式】面板，单击【单个图像 / 照片小样】，打印单张照片。

④ 在【图像设置】面板中，勾选【旋转以适合】，其他不要勾选。

⑤ 在【布局】面板中，【边距】和【页面网格】保持默认值不变。在【单元格大小】下，拖动【高度】和【宽度】滑块，调整照片在页面上的大小，也可以通过直接在滑块右侧输入数值来指定大小，如图 11-16 所示。

根据所处理的照片的实际情况，有时需要修改高度值和宽度值。使用【单元格大小】控制照片尺寸时，Lightroom 会自动计算边距。当然，也可以拖动边距滑块，自己指定边距大小。

图 11-16

💡 注意　移动鼠标指针到照片边缘处，当鼠标指针变成双向箭头时，按下鼠标左键并拖动，也可调整边距的大小。

⑥ 在【页面】面板中，勾选【身份标识】。在【身份标识】下方的预览区域中单击，在弹出的菜单中选择想要使用的身份标识。此时，所选身份标识出现在照片画面中。

⑦ 把身份标识拖动到目标位置，然后在【页面】面板中，使用【不透明度】和【比例】滑块将身份标识调整成想要的样子。

⑧ 在【打印作业】面板中，将【打印到】设置为【打印机】。取消勾选【草稿模式打印】（低质量），然后勾选【打印分辨率】并在右侧输入 240。将【打印锐化】设置为【标准】，将【纸张类型】设置为【高光纸】，如图 11-17 所示。若打印 Raw 格式照片，请勾选【16 位输出】（仅适用于 macOS）。

图 11-17

💡提示　打印配置文件是设备色彩空间的数学描述。有关色彩空间的更多内容，请阅读第 6 课中的"选择色彩空间"。

⑨ 在【色彩管理】下，将【配置文件】设置为【其他】。在【选择配置文件】对话框中，根据我们在第 2 步中指定的打印机和纸张尺寸，选择相匹配的配置文件，然后单击【确定】按钮。

⑩ 单击【打印】按钮，打印机开始工作。

单击【打印机】按钮，可打开打印机的【打印】对话框。

⑪ 若想把当前设置保存成预设，请单击【模板浏览器】右上角的加号（+），打开【新建模板】对话框。在【新建模板】对话框中，在【模板名称】中输入一个描述性的名字，比如 15.75 x 11 in print on 13 x 19 paper，单击【创建】按钮。

此时，刚刚创建好的模板就出现在【模板浏览器】面板底部的【用户模板】下，如图 11-18 所示。

当我们想对同一张照片再次应用这个模板时，只需

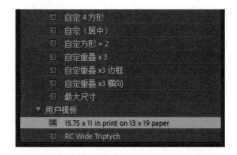

图 11-18

单击打印预览图右上角的【创建已存储的打印】按钮即可。

如果想每页打印一张照片，以上就是全部设置。如果想打印照片小样（多张照片按网格排列），请在【打印】模块下，选择多张照片，然后在【布局样式】面板中，选择【单个图像 / 照片小样】，在【布局】面板中，使用【页面网格】添加多个行与列。此外，还可以直接在左侧的【模板浏览器】面板中选择一个合适的照片小样模板使用，如图 11-19 所示。

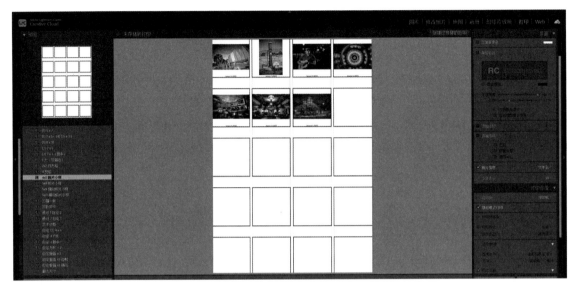

图 11-19

若是有时间，请多尝试一下【模板浏览器】面板中的其他模板。请注意，凡是名称中包含"自定"二字的模板，其布局样式都是【自定图片包】，使用这类模板时，可以直接从胶片窗格把照片拖入布局预览区域的黑色线框中。

计算最大打印尺寸

开始打印前，最好先计算出照片的最大打印尺寸。例如，照片像素可能不够，无法打印出 13 英寸 × 19 英寸的照片。如果没有事先计算照片的最大打印尺寸，最终可能无法得到满意的打印结果。

计算最大打印尺寸的第一步是查看照片的像素尺寸并记下来。在 Lightroom 中，在【图库】模块的【元数据】面板中，可以看到照片的像素尺寸。

接下来，用计算器算一下：照片最长边（像素）除以目标打印尺寸的最长边（英寸）的商是多少。例如，照片的尺寸是 3840 像素 × 5760 像素，目标打印尺寸是 8 英寸 × 10 英寸，用照片最长边（5760 像素）除以目标打印尺寸的最长边（10 英寸），得到 576 像素 / 英寸（分辨率）。这个分辨率足以打印出令人满意的结果来。若想获得很好的打印效果，要求分辨率一般不要低于 240 像素 / 英寸，当然具体多少合适，还要看你用的是什么样的打印机（分辨率决定着像素密度，进而影响照片打印时的像素大小）。但是，如果把上面照片用在一张海报中，海报的打印尺寸是 30 英寸 × 20 英寸，那最终打印效果就不怎么样，因为此时的分辨率是 192 像素 / 英寸（5760 ÷ 30），低于 240 像素 / 英寸。

如果对打印尺寸没有明确要求，建议打印小尺寸的照片，打印大尺寸的照片成本更高，而且打印效果也没有小尺寸的理想。如果所有照片都是用同一部相机拍摄的，那么只需要计算一次就能知道所有照片的最大打印尺寸。

选择其他类型的模板（如单个图像 / 照片小样、图片包）时，在胶片窗格中选择照片，被选中的照片会出现在布局预览区域中，若不选照片，预览区域就是空的。例如，一个模板有 3 个空位，在胶片窗格中，按住 Command/Ctrl 键或 Shift 键，单击照片，可把它们填充到空位中。在胶片窗格中，取消选择一张照片，该照片就会从预览区域中消失，同时留下一个空位。

若想调整照片在布局预览区域中的显示顺序，必须在胶片窗格中拖动照片重新排列它们才行。这在一开始感觉可能怪怪的，但你很快就会掌握它。（或者，在布局预览区域下方，在【使用】菜单中选择【所有胶片显示窗格中的照片】，让 Lightroom 自动使用胶片窗格中的照片填充模板中的空位。）此外，从收藏夹中选择想打印的照片，给它们添加上留用旗标，然后在【使用】菜单中选择【留用的照片】，也可以让 Lightroom 自动填充模板中的空位。

▌11.8　画册、幻灯片、Web 画廊

有关在 Lightroom 中制作画册、幻灯片、Web 画廊的详细内容已经超出了本书的讨论范围。本节只做简单介绍。

软打样

正式打印前，想不想提前看一眼打印结果？为此，Lightroom 专门提供了【软打样】功能，用来模拟打印结果。这样一来，我们就能根据预览结果合理调整照片色调，以及为所用的特定配置文件调整颜色了。

① 在【修改照片】模块下，选择要打印的照片，在工具栏（按 T 键，可显示或隐藏工具栏）右端，单击三角形图标。

② 在弹出的菜单中，选择【软打样】。然后，在工具栏中，勾选【软打样】。

③ 在【软打样】面板（位于软件界面右上角）中，打开【配置文件】右侧的菜单。如果要把照片发送给在线打印服务提供商，请选择【sRGB】。这里选择【其他】，打开【选择配置文件】对话框。

④ 在【选择配置文件】对话框中，根据所用的打印机和纸张，选择相匹配的配置文件，然后单击【确定】按钮。（如果照片是要发送给在线打印服务提供商的，需要向在线打印服务提供商索要配置文件，下载下来后，直接使用即可。）

⑤ 在【方法】右侧，单击【可感知】。如果要打印照片，请选择【模拟纸墨】，但并非所有配置文件都支持它。

⑥【软打印】面板中有一个直方图，单击直方图左上角和右上角的小图标，可检查照片中是否存在一些超出计算机显示器或打印机色域（色彩范围）的颜色。超出显示器色域的颜色显示为蓝色；超出打印机色域的颜色显示为红色；同时超出显示器和打印机色域的颜色显示为粉色。

⑦ 为了清除色域警告或改善照片画面，我们需要针对目标配置文件对照片专门做一些调整，此时，单击【创建打样副本】按钮，Lightroom 就会为当前照片创建一个虚拟副本。若不单击【创建打样副本】按钮直接编辑照片，Lightroom 会弹出一个对话框，询问是否希望为软打样创建虚拟副本。

在 Lightroom 中，制作画册、幻灯片、Web 画廊的流程大致相同。根据项目用途，创建一个专门的收藏夹（可以使用本课开始时创建的收藏夹做练习），把项目要用的照片放入其中。在收藏夹中拖动照片调整顺序，使其按照期望的顺序显示在项目中，然后考虑是否需要在项目中添加文本（如题注）。若需要，在进入某个模块前，请先进入【图库】模块，然后在【元数据】面板的【标题】或【题注】中输入文字。

输入完成后，在【收藏夹】面板中，单击要用的收藏夹，全选收藏夹下的照片（照片缩览图周围会出现白色边框），然后单击某个模块按钮（【画册】【幻灯片放映】【Web】），进入相应模块中。

Lightroom 会创建项目，并自动填充默认模板，但你可以根据需要做出修改。在【幻灯片放映】与【Web】模块中，在左侧的【模板浏览器】面板中，可以根据需要选用不同的模板。在【画册】【幻灯片放映】【Web】3 个模块下，都可以使用各模块右侧的各种面板，把项目设置成想要的样子，如图 11-20 所示。

图 11-20

当在【图库】模块下添加标题或题注后，我们还需要知道如何在不同模块下使用它们。在【画册】模块下，选择画册中的某一页，在右侧的【文本】面板中，勾选【照片文本】，在【自定文本】菜单中选择【标题】或【题注】。在【幻灯片放映】模块下的【叠加】面板底部，勾选【叠加文本】，然后在工具栏中单击【ABC】按钮。若工具栏未显示出来，请按 T 键，将其显示出来。在【自定文本】菜单中选择【标题】或【题注】。在【Web】模块下的【图像信息】面板中，勾选【题注】，然后在其右侧的菜单中选择【标题】或【题注】。

在【幻灯片放映】模块的【叠加】面板、【Web】模块的【网站信息】与【输出设置】面板中，可使用前面创建的身份标识或水印，如图 11-21 所示。

图 11-21

💡 提示　即使不进入【幻灯片放映】模块，在【图库】或【修改照片】模块下，也可以全屏放映幻灯片。为此，在图像预览区域下方工具栏的右端，单击三角形图标。若工具栏处于隐藏状态，请按 T 键将其显示出来。在弹出的菜单中，选择【幻灯片放映】，此时工具栏中显示出一个播放按钮。

　　在画册中添加图形时，先将其导入 Lightroom 目录中，再把它拖入专门用于制作画册的收藏夹中。然后，像使用其他照片一样使用它即可：在胶片窗格中，把图形拖到目标照片上，使用右侧面板，调整它的大小和不透明度。

　　在 Lightroom 中，可以把画册保存成 PDF 文档，或者一系列 JPEG 图片。还可以把幻灯片导出为一段视频或一个 PDF 文档。制作好的 Web 画廊可以导出到硬盘中，或者直接上传到 Web 服务器中。

　　若想把项目连同相关照片一起保存以便日后处理，请在相应模块下单击工作区右上角的【创建已存储的画册】【创建已存储的幻灯片】【创建已存储的 Web 画廊】按钮。

11.9　复习题

1. 身份标识有什么用?
2. 在 Lightroom 导出照片期间,可以继续使用它处理其他照片吗?
3. 在【打印】模块下,可以把个人签名添加到照片中吗?
4. 在【画册】【幻灯片放映】【打印】【Web】模块下,如何向照片添加题注?

11.10　答案

1. 借助身份标识,你可以把自己的名字、图形显示在 Lightroom 工作区的左上角,也可以把自己的名字、图形、签名或其他文本添加到幻灯片、印刷品与网站中。
2. 可以。导出照片的任务在后台运行,期间可以继续使用 Lightroom 处理其他照片。
3. 可以。首先将个人签名数字化,保存成自定义的身份标识,然后在【打印】模块中使用它即可。
4. 为了给照片添加题注以便在其他模块中使用,最简单的方法是:进入【图库】模块,展开【元数据】面板,在【标题】或【题注】中输入文本。